21世纪设计基础新主张

JIANZHU CHANGJING YINGBI SHOUHUI BIAOXIAN YISHU

建筑场景硬笔手绘表现艺术

薛 昊/著

海洋出版社

2013年·北京

前言

　　手绘表现是高等院校建筑装饰专业、建筑学专业、城市规划专业、园林景观设计专业、艺术设计专业及绘画专业的一门重要专业基础课程。针对各专业的设计者而言，手绘表现是一门必须掌握的绘画语言，如果没有较好的绘画基本功，设计师就画不好草图、不能完整表达设计理念。反之他的审美修养和手绘表现技能比较全面，在此基础上他的专业设计将会更加优秀。

　　艺术源于自然与生活，只有身临其境感悟自然与生活，通过对国外建筑，中国传统建筑，现代建筑，建筑配景，工矿企业等风光场面的手绘表现训练，并学习相关知识，提高设计师对建筑等各方面的敏锐观察力和对建筑、场景的形态构造、造型比例、材料色彩及周围关系加以提炼、概括、取舍、表现，培养设计师的造型审美能力和创造能力，手绘表现是为达到以上目的最为有效的方法途径。掌握了手绘表现技法，可以熟练地运用手绘表现语言，将设计想法以手绘表现的方式徒手快速地表现出来，阐明设计的创意、构思，随时进行视觉交流、探讨、思考，使设计方案完善或产生新的设想。手绘表现可以积累艺术素材、激发灵感、表达审美感受等，是设计师表现个人思维，创造力和经验的重要方式之一，同时也能够潜移默化地提高设计师的审美水平以及造型能力。

　　本书作者依据高等院校各类设计专业和绘画专业的教学内容，针对建筑类等相关专业的特点，图文并茂地讲解了手绘在各类专业设计中的应用、手绘的方法步骤以及手绘对各科设计所起的重要作用。不同于以往同类专业书的是本书针对手绘表现形式与内容进行了深入的研究，如线的形式美感表现，线面结合表现，黑、白、灰表现等形式。注重了运用点、线、面形式展示手绘表现的造型魅力，形成了独特的语言特征，追求图文精炼，将审美知识贯穿始终，并在各类建筑图例内容基础上增加了工矿企业、渔港码头、自然风光场景的描绘，为绘画类专业提供了范例，丰富了手绘表现各类场景的直观性、实用性。

本书还简要介绍了建筑配景人物、交通工具、树木、建筑局部等画法，实用易于掌握。在各个章节中，选取了国内外不同地域、不同建筑风格、表现不同场景的手绘作品，并对大部分作品的艺术表现形式、手绘技巧等注有分析短评。本书的手绘表现作品均是编者本人多年写生练习积累的资料，希望与各位学界同仁共同探讨，分享风景无我而在，意境有我而美，对景写生带给我们的那份充实与喜悦。

薛　昊
2013年4月于济南

目　录

CONTENTS

第一章　　　　第一节　重新认识建筑场景硬笔手绘表现艺术……………2
浅谈建筑场景硬笔手绘　第二节　硬笔手绘的艺术使命……………………5
表现艺术　　　第三节　硬笔手绘的工具与材料……………………8

第二章　　　　第一节　造型基本元素的审美与运用………………12
建筑场景硬笔手绘的　第二节　透视美学与表现……………………………21
审美表现艺术原则　第三节　硬笔手绘的常用表现艺术形式………29

第三章　　　　第一节　建筑场景的观察艺术与创新………………44
建筑场景硬笔手绘的　第二节　建筑场景的构图艺术分析………………51
艺术表现方法与设计　第三节　建筑场景的写生艺术步骤………………60

第四章　　　　第一节　树木花草植物配景表现……………………68
建筑场景硬笔手绘的　第二节　人物与交通工具配景表现………………77
配景表现艺术　第三节　建筑结构的局部表现……………………85
　　　　　　　第四节　自然物象的局部表现……………………97

第五章
建筑场景硬笔手绘在
专业中的应用

第一节 硬笔手绘与专业设计的创意构思 ………… 112
第二节 硬笔手绘在专业设计中的表现艺术范例 ……… 114
第三节 硬笔手绘与绘画艺术的创作表现关系 ………… 117

第六章
作品案例鉴赏

第一节 国外建筑 ………………………… 124
第二节 国内建筑 ………………………… 132
第三节 渔港码头 ………………………… 152
第四节 工矿企业 ………………………… 159
第五节 自然风光 ………………………… 164

参考文献 ……………………………………… 168
后记 ………………………………………… 169

第一章

浅谈

建筑场景硬笔手绘表现艺术

本章内容

☐ 重新认识建筑场景硬笔手绘表现艺术
☐ 硬笔手绘的艺术使命
☐ 硬笔手绘的工具与材料

第一节　重新认识建筑场景硬笔
手绘表现艺术

一、建筑场景硬笔手绘的基本理念

硬笔手绘是艺术设计专业和绘画专业非常重要的一门基础课程。是一种表现力很强的手绘艺术形式，它的表现形式是以多组多层次线条排列而出现，具有中国画速写的描绘性能，而且还有装饰黑白画和黑白版画的特色。它是造型绘画艺术的一个种类，是一种独立的艺术表现形式，一幅完整统一，严格按照形式美法则绘制的手绘表现作品，它娴熟、灵秀的线条、潇洒的笔法或细腻、或奔放，点、线、面形式的组织排列，给人以独特的审美享受和视觉冲击力，引起观者心理情感的升华。

像在欧洲文艺复兴时期艺术三杰：达·芬奇、米开朗基罗、拉斐尔以及德国的丢勒等不同时代的巨匠都留下了诸多的硬笔类手绘稿，为他们的艺术创作积累了大量自然与生活素材。同时，我们今天也能看到大师的艺术创作过程，是一笔宝贵的艺术财富，使我们能够充分感受到硬笔手绘的独特魅力。

建筑场景硬笔手绘是以建筑环境为主的表现对象，其中穿插工矿企业、渔港码头的场景描绘，是以硬笔类为绘画工具，其中主要包含了油性记号笔表现的作品，通过手绘了解了建筑等物象的形态构造、比例关系、色彩材料等及环境的整体设计关系，使设计师或绘画者的审美感受得到升华，从而为艺术设计或艺术创作积累更多的素材。建筑场景硬笔手绘表现工具材料简单、快捷、易于携带，比较适合初学者学习和使用，也是常规的手绘表现工具。有利于设计方案的构思、研究，潜移默化地提高了设计者和绘画者的设计水平或审美造型能力，见图1-1、图1-2。

图 1-1 青岛建筑 1

图 1-2 陕西民居

二、建筑场景手绘工具的分类

建筑场景手绘表现的工具材料多种多样，通常用硬笔，铅笔有彩色铅笔、绘图铅笔、炭铅笔等；钢笔有普通钢笔、美工笔、针管笔等；其他工具还有油性马克笔、水性马克笔、油性记号笔、毛笔、水彩笔等。工具不同表现方法和技巧也有所区别，和手绘表现者的习惯和爱好有直接关系，见图1-3。

图 1-3 各种硬笔

第二节　硬笔手绘的艺术使命

一、建筑场景硬笔手绘的作用

近几年设计的风潮风靡于各行各业，尤其在艺术设计界表现更为突出，而手绘表现至关重要，它是设计者和绘画者在灵感迸发和身临其境的前提下，用精炼的手绘语言描绘出来的设计理念和艺术情感表达，展示了作者的思想情感，能够引起观察者强烈的情感共鸣。

艺术感受来源于自然与生活，而自然与生活中的各种元素符号每时每刻，无处不在的启发着我们，前提是我们要有一双善于发现的眼睛，从自然与生活中提炼素材，追寻灵感，才能设计或创作出有情感和生命力的艺术作品。而现场写生能够培养你的敏锐观察能力，启发你对自然物象形式美的思考能力，记录了对自然与生活的感悟，体现了设计者和绘画者观察和思考后的表现能力。而设计和绘画者通过对建筑或场景的写生感受，能够了解建筑的形态构造、比例尺度、材料色彩或场景的生机盎然场面，使设计者思路清晰也为绘画者的艺术创作积累了艺术素材。

对于艺术设计者和绘画者来说，硬笔手绘是较为理想的表现形式，携带方便快捷，表达方式直观，场合不受限制，有利于设计者对方案的构思、推敲和进一步深化，同时也是绘画者记录生活场景，为以后的艺术创作打下了坚实基础。所有的艺术在表现时都有一条无形的线，承上启下并贯穿始终。硬笔手绘工具简单实用，表现方法直观，不受场合的限制，为我们艺术设计和艺术创作提供了极大的便利。在设计构思过程中，设计者和绘画者要运用形式美法则，艺术想像力，娴熟的艺术表达能力，创新设计理念，综合各项技巧等。在艺术构思和设计时，所有这些知识都是相互联系，并不是孤立存在的。想成为一个优秀的艺术设计者，出色艺术家，只有坚持不懈地进行大量的手绘练习训练，提高自身的艺术修养，由感性到理性再到感性，量变到质变才有一个质的飞跃，才能创作出更加符合人性化的优秀设计和具有丰富情感生命力旺盛的优秀艺术作品，见图1-4。

图 1-4　欧洲建筑 1

二、硬笔手绘的意义

　　硬笔手绘对于艺术设计者和绘画者来说意义非同凡响，它可以对建筑或场景进行现场描绘记录，在记录建筑结构或场景的同时作者的艺术情感也得到了升华。硬笔手绘有较强的记录性、直观性，对设计者和绘画者具有极其重要的意义。因为手绘是身临其境、观察、形象记忆，手绘的过程中它超越了显而易见的景象，根据观察，手绘者将情感通过点、线、面的艺术表现语言，运用取舍、概括、对比、夸张等造型方法，情景交融地表现物象，使造型具有强烈的艺术感染力，也使作者的情感感受和认知得到升华，并获取了艺术素材。同时，也提高了设计者和绘画者的敏锐观察力及对物象的提炼、概括能力，提高其判断造型美、比例美、艺术美的能力。

　　优秀的硬笔手绘作品不仅表现了作者娴熟的艺术技巧，同时也记录体现了建筑的精神气质和场景的恢宏大气，飘逸、潇洒、细腻、粗犷的各种线条能够将你我带到深邃美妙的意境中去，使美在心中油然而生。我国著名建筑学家梁思成、吴良镛、钟训正、法国建筑大师保罗·安德鲁、丹麦建筑大师维娜·潘东等，都留下了传世的建筑手绘稿件，为我们树立了典范。当然美术工作者，为艺术创作也绘制大量的建筑素材，如已故著名画家陈逸飞，为水乡周庄所绘的《双桥》；荷兰绘画大师梵高的《酒馆》都为艺术创作留下了诸多经典素材。

　　总之，硬笔手绘表现不仅对建筑设计、装饰设计、景观规划设计等相关专业的构思与表达有着重要意义，同时，建筑或场景手绘也是一种独立的绘画形式。一幅完美的手绘作品，它与素描、油画、中国画等艺术作品一样，具有独立存在的艺术价值，使人们在欣赏中得到美的情感陶冶，是一种独立存在的绘画艺术形式，见图1-5。

图 1-5　水乡周庄 1

水乡周庄是著名的旅游景点，双桥也是画家久绘不厌的地方，两座石桥横跨东西与南北，河道在南桥下迂回转折，似一条玉带铺设而去。民居依河而建，黑瓦粉墙，错错落落，好一幅水乡怡人的画卷。作品运用疏密相间，流畅的线条加以表现，使作品充满祥和的瑞气。

第三节　硬笔手绘的工具与材料

"绘画材料本身有种东西引诱你，并敦促你全力以赴。"——美国艺术家奇普·沙利文。手绘建筑、场景表现，主要着重物象形象、比例透视、艺术构思、意境表达等不同方向。针对不同的表达思想，为了捕捉、记录美好的瞬间，就需要快捷的表现工具，硬笔无疑是理想的工具之一。当今艺术设计者和绘画者同样把硬笔类工具作为素材、创作、构思、绘图的主要工具，早在十四五世纪以来西方画家已经娴熟的运用硬笔类工具，如达芬奇、丢勒、荷尔拜因、毕加索、弗洛伊德等大师都留下了杰出的艺术作品。而我国以硬笔作为绘画工具，并成为独立完全意义的画种应追溯到19世纪80年代。

手绘表现通常使用硬笔，有钢笔、美工笔、油性记号笔、铅笔、炭铅笔、马克笔等。初学手绘者好多喜欢使用铅笔，因它有软硬之分，可以表现不同的明暗变化，并且便于修改，但作品不便于长期保存。但有基础或资深的艺术设计者，应该使用钢笔类工具，因为手绘表现时钢笔类工具同样能够画出对比强烈、丰富的明暗层次表现效果。当然，用钢笔手绘，线条不易修改，所以下笔前要意在笔先、胸有成竹，只有熟练掌握各种手绘表现工具，才能扬长避短，得心应手，驾轻就熟。在材料上手绘用纸主要有图画纸、铜版纸、卡纸、复印纸等，为便于携带和保存，通常使用装订好的不同开本的速写本。当然，在长期手绘实践中，应根据自己的绘画表现风格和习惯确定纸张的类型，并大胆尝试不同色彩、明度、质地的纸张，会有打破常规，耳目一新，迥然不同的艺术感受。总之，硬笔手绘使用工具简单，关键是绘画者将眼、心、手三者统一相结合，提高审美感悟与驾驭画面造型能力，才能真挚抒发自己的艺术感受，见图1-6、图1—7。

图 1-6　渔船码头

郑板桥的"删繁就简"四个字十分精辟。删繁：尽量删去不必要的东西；就简：尽量使用精练的语言说明更多的问题。此幅作品采用近大远小的透视原理，通过远景的桅杆，暗示出远处庞大的渔船群体。作品表现物象不多，但画面场景不小。

图 1-7　钢铁企业 1

第二章

建筑场景硬笔手绘的审美表现艺术原则

本章内容

- ☐ 造型基本元素的审美与运用
- ☐ 透视美学与表现
- ☐ 硬笔手绘的常用表现艺术形式

第一节　造型基本元素的审美与运用

一、审美

艺术来源于自然与生活，自然与生活中是由无数的实型与虚型的点、线、面而构成，任何艺术形式的表现都离不开点、线、面的组织与运用，而硬笔手绘艺术则利用点、线、面对自然物象的构造特征，来重新安排、组合、概括、提炼、取舍使之完整的展现出绘画者情感，所以要对点、线、面的审美感受来重新认识与界定。

1. 点

首先要从点的概念上谈起，俄罗斯瓦西里.康定斯基说：点是最简洁、最坚强的主张。因此点是绘画最初的要素。从几何意义上讲点是没有大小、方向，仅是表示位置的；而在艺术范畴里，点是有形状、大小和位置之分的。点是最基本和最重要的元素，点是相对的概念，是细小简单的形象。同样一个圆，如果在画面中占的面积比较大，它就有了面的特征，反之在画面中占的面积很小，就可以理解为点。在西方认为点是最基本的单位，线是由点朝一个方向排列而成的，面是由点或线的聚集排列而成的。而在人的审美中它是抽象的、想像的、概念的、相对的。在艺术描绘时，实际上是点、线、面在二维的画面空间中运行轨迹的可视、可知、可感的产物，在观察自然物象时，首先要确定感动你的主体对象，然后利用不同形状的点，长短、疏密的线来表现物象的比例、空间、距离，以疏衬密，以繁衬简，以长线勾勒大形，以短线刻画局部，在展现客观物象的同时，又表达了作者的审美感受与艺术素养。

点在硬笔手绘中多数用来表现松散或者密集的物体，也可以作为一个点缀来填补画面的空缺，丰富作品的视觉效果。点可以是任何的形态，千变万化，其最基本形状有圆点、方点、三角形点、不规则点等。根据画面的形式不同，点还有实点和虚点之分。娴熟掌握点在画面中的运用，能够起到画龙点睛的作用、表达耐人寻味的感受。同时也要注意，不可漫无目的，杂乱无章的乱点一气，破坏画面的整体，要与作者的心理感受与画面氛围相统一、相协调。

　　点从艺术的抽象思维主要有以下感受：其一，点能够引起视觉、心理的注意，能够使虚无缥缈的空间或平面，产生灵动性，叩响观者的心灵，产生不同的心理效应，可形成活跃感、空间感、方向感和一种莫名的意境。夜晚茫茫星空我们很容易看到北斗七星，七颗星连成勺子状，使我们联想到宇宙的浩瀚和人类的渺小。其二，点能够使画面产生韵律感、节奏感、运动感。这主要是点构成等间距构成和间距变化构成。画面动感增强，产生轻重、疏密、远近、大小等变化，由大到小的点按一定的轨迹、方向进行变化，使之产生一种优美的韵律感。其三，点能够表达情感，作者运用不同的点构成画面形式时，同时也传达了他的心境和对自然与生活的感悟，体现了他的艺术素养和审美感受。因性别、文化、地域、年龄、职业均有不同的情感理解。这时作者的作品与观者的感受产生强烈的共鸣，使自然的景色产生画面的意境，见图2-1。

图 2-1　乡村风光

2. 线

线条作为艺术语言，与绘画是同时产生的。线条以其独特的魅力，吸引着众多迷恋者去探索它的奥秘，去发掘创造新的形式。正如美国的内森.卡伯特.黑索说："熟练的绘画和对线的理解是艺术的基石。"这表明线条是绘画艺术重要的语言和表现形式。其实线条是视觉形式的最基本的语言，自然实际中并不存在纯粹的线条，因此可以说：线条存在于物质的实际和艺术家对它的探索之间，是艺术家对物质的一种高度概括形式。它一方面源于个人对形体的认知，另一方面源于由此产生的理念和情绪。它有二种功能：表现物体的实体结构；完成画面也是图形自身的表现和情感的表达。正像人们能够从劲松盘拧的老根和柳枝迎风飘曳的妩媚中感受到生命的不同性格；也从高耸的西方哥特式建筑和中国四合院中感受到文化的迥然差异。但对我们来说，它们还有更深层次的意义：它们如何"分割"了空间，通过细心审视，我们会发现它们不仅"分割"平面的空间，使这种空间获得二次元的划分，而且暗示着空间的纵深，使之呈现了远近的层次。线条长短交错的疏密变化，运行的轻重缓疾，使其周围的空间扩大或缩小，逼近或远退，造成二维和三维的视觉上的"量"的变化。这充分说明用线把握空间分割的能力是衡量设计者和绘画者的一个重要标志。

无论是画家还是设计者，在写生、收集素材、创作时必须掌握用线条绘图的能力，它能表达我们的设计思想，同时手绘线条自身具有很强的情感性质，有着独立的审美性价值，蕴含在线条及线条运行中的生命力，赋予线条以不同的性质特征。因此，它成了画家和设计者一种个性特征的标志，这种特征是画家和设计者心灵深处的艺术底蕴，是一种下意识的表现，它最易于被视觉把握而成为个人的特征。如安格尔的线条柔和纯清，伦勃朗的线条粗犷练达，抽象主义画家更以极端个性化和单纯的线条形态，构建独特的艺术面貌。而我们也要通过个性化的线条描绘出不同物象的结构，用抑扬顿挫、长短曲直、轻重缓急、粗细虚实的线条表达我们的激情。所以说线条的感染力基于个人笔触的表现性，更基于个人情感气质艺术修养以及他所应用的媒介类型。

线的类型主要包括直线与曲线，几乎所有线的形态，都是从直线与曲线或二者混合派生出来的。直线可分为水平线、垂直线、斜线、折线、平行线、交叉线。曲线可分为几何曲线、自由曲线、漩涡线等。

线的构成方式主要包括：线的面化，等距的线密集排列可以构成面；疏密变化的线，按不同距离排列，可产生透视空间的视觉效果；长短、粗细变化的线，可产生前后、空间、虚实的视觉效果；浓淡变化线，深色的线要比浅色的线更具有前景感；线的点化，线的点化可成虚线；轮廓线，可以突出型体，勾线具有美化作用；不规则的线，用长短、粗细、曲直不同的线组合成不规则的线，见图2-2、图2-3。

图 2-2 巴黎圣母院 1

这幅作品是等腰三角形构图，画面稳定，系三点透视，仰视取景，表现了巴黎圣母院高大宏伟，神圣迷人的建筑特点，直冲云霄的尖塔仿佛能触到上帝的指尖。人物大小与建筑形成强烈的对比。画面线条细腻、精炼，手绘工具为钢笔。

3. 面

面是线的运动轨迹，扩大的点形成面。面适合表现物象的明暗层次和立体空间效果，一幅作品中点、线、面的区分也是相对而言的，有些面即可看做是点，也可理解为面，而有些线则可以看作为面或点。面的变化是十分丰富的，有虚实、浓淡、大小、前后、方

向、软硬、通透与密实、轻松与厚重等变化。面的应用可以是以明暗的方法来塑造型体，也可以是以独立形象或点缀的方法来丰富画面的表现力，一幅手绘作品中灵活地运用点、线、面会取得不同的表现效果，产生更强的视觉冲击力，较为真实的再现物象景象，给观者留下深刻的印象。

图 2-3　渔船系列 1

系满构图形式，体量庞大；运笔潇洒有力，线条粗细对比鲜明。渔船交错相间，蕴含着形式美的构成法则。画面带有写意的味道。使用工具为油性记号笔粗、细两种。

　　总之，点、线、面是构成手绘基本内容的表现形式，而手绘又是设计专业和绘画专业的基础，必须经过大量作品的练习，我们可以从不同方面不断发掘和利用点、线、面的形式之美，描绘出更好的手绘艺术作品，见图2-4。

图 2-4　水乡乌镇 1

均衡式构图，水中的乌篷船为画面的平衡性，起到了决定性的作用。画面以密集的线条刻画了江南民居的构造特点，水中倒影与建筑交相呼应。

二、运用

　　笔意来自手绘者的学术素养。任何的用笔，都强调意在笔先，对于手绘者来说，这是一个意识上的收聚和放射的过程。而这种高度集中意志的能力，乃是艺术气质的一个重要方面。硬笔手绘的练习，首先，要从线条中的直线练起，在练习的初期，应注意运笔的速度和线条行走的方向，速度应保持匀速适中，宜慢不宜快，力量要均匀，把握笔势的平稳，从上下、左右不同的方向运笔练习，使线条有平稳、流畅、圆润之感。

　　再次，要对曲线、折线进行练习，在练习中用笔的速度力量要有所变化，线条则顿挫转折有力，线条变化丰富。先练习中锋运笔，中锋也叫正锋，是手绘过程中最主要的用笔方法。要求为"令笔锋在线中行"，即行笔中笔尖始终在线条正中。中锋之笔，圆浑稳健、厚润华滋、号为正宗。再练习侧锋运笔，侧锋也叫偏锋。行笔时笔锋偏向一侧，笔线变化丰富，与中锋同为手绘技法最主要的笔法。次之练习逆锋运笔，逆锋是指运笔时笔锋侧转，向侧倒相反的方向运行。其笔意苍劲而毛，与中、侧锋配合可为一变化。笔法的各种变化，意态上有分，使用上则合，不可过分讲究名堂而致人为笔使，难以为用。在绘制建筑或场景时，会大量使用曲线、折线并不要求过度的圆和直，因为手绘不仅是了解物象结构，更多是利用线的形式美来展现作者的审美感悟。

绘画中笔法的运用得当及所描绘的直线、曲线、折线等，均受内外因的统一制约，最终可形成一种统一的笔调，即笔法的个人风格。统一的笔调使用笔归于秩序的统一，从而产生了一种用笔的韵律，这种韵律使用笔带有了精神性的气质，使用笔从一种纯技术性的行为上升为可供欣赏的艺术性行为。体现一种内在的气韵，带有描绘者的真挚情感，画中意境的体现也是作品的生命力所在。所以描绘时，要恰到好处的运用笔的速度、力量达到行云流水的效果，并在实践中勇于探索和创造富有个性情感的艺术语言。

最后要进行组合线的练习。组合线是直线、曲线、折线的综合练习。练习时可以灵活多变，如竖线与横线交叉组成块面，具有静止、稳定的感觉；斜线重叠，斜线交叉组成块面富有动感；竖线重叠，横线重叠，有整齐划一的感觉；曲线重叠、交叉有起伏不平、活跃的感觉；直线与曲线的配合，体现理性与抒情性、刚性与柔性相结合的相互对比、相互衬托、相互补充的丰富和谐关系。组合线不同种类、密度、色调会出现或深或浅、或密或疏、等不同的视觉效果。在我们设计和绘画中，常常是多种组合线并用，使它们的各自性格与造型潜能充分发挥，是画面的视觉语言更丰富，造型更美观，表现效果更强，传达的信息量更大。

对线的练习最终目的是对笔势的把握，笔势是指用笔在画面上形成的痕迹所产生的姿态、方向感与运动感，是一种整体构成因素所产生的笔法效果。笔势可以构成画面的形式美感，它的姿态方向、组织方式是作者个性、气质、文化品位、艺术素养的综合展现。这一切努力练习都是为下一步手绘练习做好准备，只有这样才能运用自如手中的手绘工具，才能画好建筑或场景，为下一步艺术设计或绘画艺术夯实良好的基础，见图2-5、图2-6。

图 2-5 线条组合形式

图 2-6　湘西德夯

山清水秀，景色宜人。作品近景、中景、远景非常鲜明，画面对边角的处理颇费心思，为三堵一疏，使建筑消失在画面的右边，与构图融为一体，是对中国画"金边银角"理论的最好诠释。

第二节　透视美学与表现

一、透视的基本原理

　　建筑场景硬笔手绘表现，是运用点、线、面元素来造型，首先受到客观物象透视现象的制约。由于作者选取物象视觉角度的不同，而物象形体特征、高低大小、方圆曲直会产生迥然不同的变化，同等大的物体感觉近大远小，同等高的物体感觉近高远低，同等宽的物体感觉近宽远窄。实际上这种现象就是物象的透视，这种变化虽然被人的视觉认知，但要准确地将三维空间表现在二维画面上并非易事，必须掌握透视的规律，熟记于心，充分理解，灵活运用，再运用正确的整体观察方法，结合视觉的透视原理，才能将物象的空间美感在手绘中灵活运用，见图2-7。

图2-7　水乡乌镇2

一点透视，构图为均衡式。表现形式是粗线与细线相结合，画面以中间为界，形成鲜明的黑白布局，但有建筑墙壁的留白，构成形式并不为过。建筑与水中倒影为刻画重点。

基于以上情况，针对硬笔手绘的需要，简单地对物象的一点透视、二点透视、三点透视及散点透视加以介绍。为了研究透视的规律和法则，人们拟定了一定的条件和术语名称，这些术语名称表示一定的概念，在研究透视学的过程中经常使用。

基面：放置物体（观察对象）的平面。是指建筑物所在的水平面。在透视学中基面永远是水平状态。

地平线：又称"基线"是指地面与画面的交线。

视点：画者观察物象时眼睛所处的位置。

视平面：是指与人眼等高的水平面。

视平线：是指视平面与画面的交线与画者眼睛等高，是实际中不存在的一条假设线，视平线除仰视、俯视，其余的均和人的视高（眼睛水平线位置）有关。

视线：视点与物体间的连线均称视线。

消失点：也成灭点，是指物象进深线无限延长与视平线的交点。

天点：是指物象的一组平行线在透视中延长消失于天空中的灭点。如仰视高层建筑，楼的垂直线因透视消失在天空。

图 2-8　水乡乌镇 3

地点：是指物象的一组平行线在透视中延长消失于地面中的灭点。如在高处鸟瞰地面，楼的垂直线因透视消失在地面。

二、透视的分类与表现

透视一词的含义就是透过透明面来观察景物，从而研究物体投影成形的法则，即在平面空间中研究立体造型的规律。它是在平面二维空间上研究如何把我们看到的物象投影成形的原理和法则的学科。透视学中投影成形的原理和法则属于自然科学的范畴，但在透视原理的实际运用中却是为画家的创作意图、设计师的设计目的而服务。所以我们在了解透视原理的基础上更要掌握艺术的造型规律，使二者科学地结合起来。

透视是客观物象在空间中的一种视觉现象，包括一点透视（平行透视）、两点透视（成角透视）、三点透视（倾斜透视）、散点透视（多点透视）。

透视与人所处的位置有绝对关系，位置的左右移动会看到物体的不同方向的体面。视点在视平线上，视点的高低决定视平线的高低，见图2-9。

图 2-9 欧洲建筑 2

两点透视；仰视取景。用线讲究，细致刻画了建筑的体面转折关系，是一幅精到的手绘建筑作品。

1. 一点透视

一点透视也称平行透视，只有一个消失点。包括具有立方体性质的任何物体。其特点是物体一个主要面平行于画面（平行线），而其他面则垂直于画面（垂直线），平行线与垂直线没有透视变化，只有长短变化，所有与画面成直角的边线称为透视变线，都消失至灭点。一点透视图视觉感受庄重、严肃、稳定，见图2-10。

视平线

图 2-10 水乡乌镇 4

2. 两点透视

两点透视也叫成角透视，高度线垂直于画面，有两组深度线与画面形成一定的角度，因此在视平线上有两个消失点，左右各一个，注意这两个点一般在画面之外的视平线上。同时这两个点距离画面中心不一定相等，而它们的远近距离决定着画面中建筑物左右两个面的大小。

两点透视图画面效果比较自由、灵活，表现空间接近于人的真实感受，易表现体积感及明暗对比效果。因此，这种透视法比较多的用在建筑手绘的表现中，不足之处是如果角度选择不好容易产生透视变形的效果，所以角度和视点的选择非常重要，见图2-11。

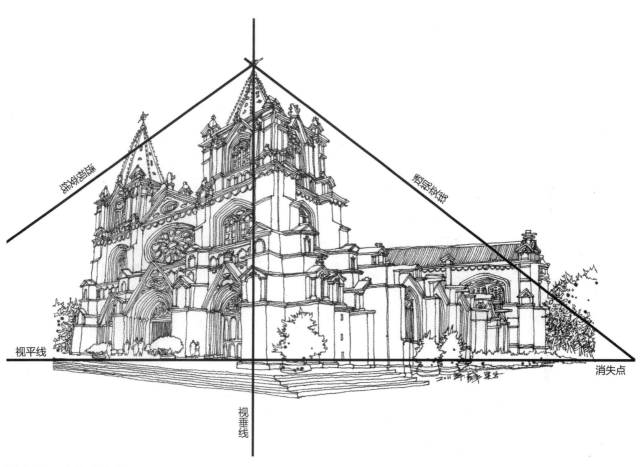

图 2-11 欧洲建筑 3

3. 三点透视

三点透视又称倾斜透视，物象倾斜于画面，任何一条边线不平行于画面，其透视分别消失于三个灭点。三点透视有俯视与仰视两种，三点透视适用于室外高空俯视图或近距离高大建筑物的表现。三点透视的特点是角度比较夸张，透视纵深感强，见图2-12、图2-13。

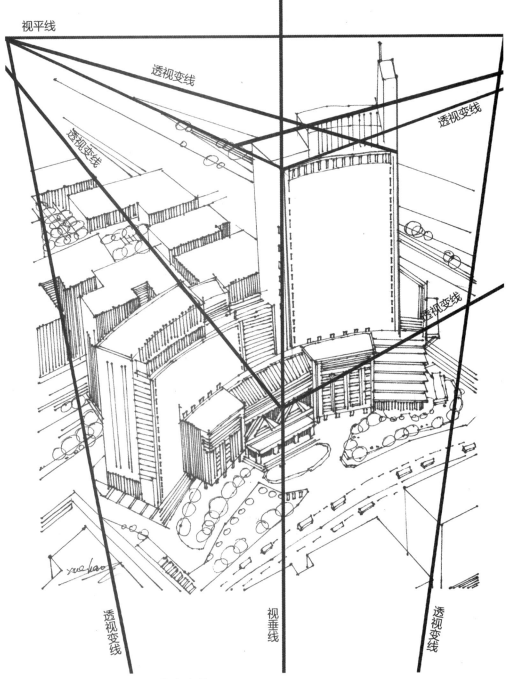

俯视三点透视图

视平线

透视变线

透视变线

透视变线

透视变线

透视变线

透视变线

视垂线

图 2-12　城市建筑 1

这幅作品画的是城市建筑，在手绘之前，经过对场景透视规律的分析，确定它属于俯视三点透视，根据三点透视包含多个消息点的特点，对场景进行描绘。工具为直尺、钢笔。

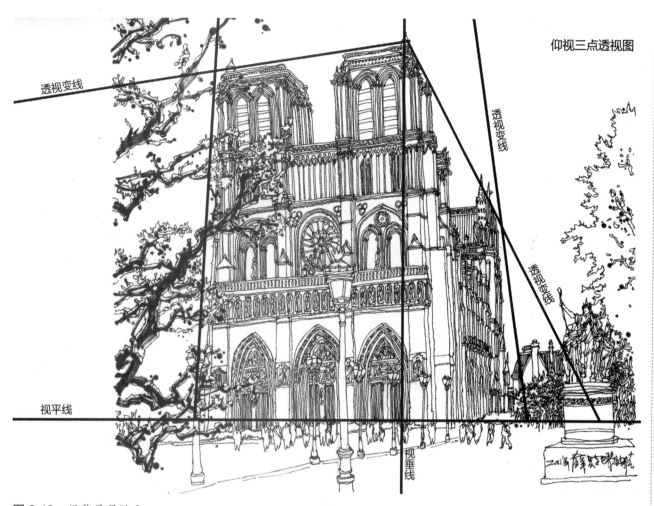

仰视三点透视图

透视变线

透视变线

透视变线

视平线

视垂线

图 2-13　巴黎圣母院 2

法国文学大师雨果说：巴黎圣母院是石头的交响乐。画面近景的树木运用中国
画写意的手法进行描绘，工具为油性记号笔。建筑是仰视取景，系三点透视，
凸显了建筑的高大、肃穆。表现工具为钢笔。线条疏密有致表现力强。

4. 散点透视

散点透视又称多点透视，是与一点透视相对而言的一种透视
方法。是传统中国画中常用的一种表现方法，在硬笔手绘表现时也
多采用此法。散点透视的基本含义是移动视点，打破一个视域的界
限，采取多视域的组合，将物象组织到一个画面中。散点透视适用
画大场景，如城镇、山水、乡村等。

当然写生时，要灵活运用透视规律，选择能够表现最大特征的角度，不可过分追求透视关系，否则会使画面过于呆板、拘谨，失去画面的灵动性，应在写生时多通过目测法去观察，培养自己敏锐观察力，为下一步手绘表现做好准备，见图2-14。

图 2-14　国外建筑

这幅作品画的是国外海边民居，在画之前，首先对场景进行分析，属于散点透视。其次，按照散点透视多个消失点的规律，进行取景、构图。然后对场景提炼、概括、取舍、借景，并从局部开始画起，根据画面构图、疏密、繁简的需要进行深入逐步描绘，做到整体布局，局部深入，使画面整体、协调、统一。

第三节 硬笔手绘的常用表现艺术形式

硬笔手绘的表现形式有以下几种：线条表现（细线、粗线），线面表现，黑、白、灰表现。从顺序上看像是逐步增加难度的关系，实际是每种画法均有各自的优势和特点，并且这几种画法可以相互作用，出现在同一幅手绘作品中。线条主要对物象的形体轮廓、结构有所注重，线面和黑、白、灰表现注重对型体、光影、明度对比、场景氛围的表现，视觉冲击力较强。

一、线条手绘的表现

线条作为艺术表现语言，以其鲜明的特点，经过数千年的演变，使其成为最广泛，风格多样，生命力最旺盛，表现力很强的艺术手段，为历来西方艺术大师所重视和喜爱，特别是中国传统绘画艺术对线的认识与表现已达到了登峰造极的水平。首先，要明确肯定。我们观察物象时，形状是眼睛所能把握物象的基本特征，而确定物象特征最有效手段就是线条，因为线条表现的物象明确而肯定，它不受物象明暗光线的左右，能够有效抓住物象的结构特征。其二，线是概括与简练。线条能够简化物象形体，如一座建筑只要画几条竖线和横线，一棵树画几条粗细交叉的线。这些线条看起来很简单，却概括了建筑、树木的结构特征，体现了物象的不同本质。其三，线条有生动性。线条是绘画者对物象经过分析判断后，产生情感的冲动，以简练的手法较快完成的。因手法简洁，故画者舍去许多细节，抓住物象的本质和打动人的东西，也因时间短暂画者情绪激昂，对物象感受强烈易于发挥主观能动性。好的手绘作品，往往几根线条也能绘出生动的艺术作品。当然面对建筑或场景用线手绘时，也一定要注意线条的疏密对比，太疏形体和画面太散，太密物象没有主次之分过于拥挤，不利于主次空间的表现。要根据画面空间的需要，依靠线的长短、疏密变化，使用不同的笔法来描绘客观物象，此画法因为需要用线的疏密拉开物象的空间距离，往往要主观地增加某一部分的线，减少某一部分的线。画面这样处理一般都偏向理性，增加画面的艺术效果，但也有部分艺术家随手而画，力求天真淡雅，于不经意中求工整，则另有一番情趣。

运笔一般使用侧锋、中锋、逆锋等方法。写生或创作时线条的变化常常有所区别。写生时用线一般比较工整，其画面节奏韵律的形成，主要依靠线的长短、疏密变化，用线粗细基本一致，运笔的速度不快不慢，笔力均衡，线条流畅，起伏变化不大，如行云流水。在表现物象时，造型相对严谨，要求线条能够准确地表现物象结构，重复线极少。因为其线的变化不大，粗细相当，故在线的疏密处理上刻意经营，往往以疏衬密或以密衬疏两种形式。但在创作时，线条的变化与写生完全不同。创作时线条形式的表现是以感性为主，作者对客观物象有强烈感受，借助灵感的启发而产生强烈的表现欲望，运用写意的线条形式，借助客观物象的外在感觉，充分宣泄绘画者的情感，将物我融为一体来表现。这种形式的特点是：抓住大的感觉气势，用线潇洒自如，或粗或细，或浓或淡，有时细线勾勒，有时大片涂抹，线的节奏变化起伏跌宕，大起大落，跳跃性很大，整个画面一气呵成，充分展现了线条艺术就是情感艺术的特点。在形体处理上，抓住大的结构特征，不拘泥于局部细节的完整，但对主体并不放松。这种画法有时为了形象的需要，则多用复线去增强画面效果，绘画者所强调的是心中强烈的感受表达，线条以其鲜明的节奏韵律，构成画面强烈的形式美感。

当然画面的节奏、韵律等还是建立在线条的疏密对比，粗细对比、刚柔对比的基础之上。画面的整体韵味，也是基于绘画者对物象的深入理解，以及对线条形式美感的认识，这其中涉及诸多方面的因素，而且许多是靠画外的各方面修养。特别是东方艺术，更是将线条看作艺术表现手段的灵魂。而初学手绘者注意：写生时使用一种工具为佳，在了解工具性能的同时也便于对线条表现的把握。如果在写生中使用了多种笔法的线条，处理不好，表现效果恰恰相反，反而会破坏画面整体、统一的表现效果。通常用实、重线、长线表现前面主体物；用虚、细线处理后面物象；用长线概括远景物体，用短线刻画主体物。这种变化的线条是依靠长短、粗细、轻重等矛盾体来构成画面的节奏感与空间感，因作者的情感直接影响着用笔，因而形成了画面的细腻、奔放、明快、刚健、古拙等不同的风格，但各种风格形式的产生，均来自线条自身所蕴藏着的力度差异及作者的审美修养。由此可见线是作者心灵移动的轨迹，是心力、臂力、握笔、运笔之力的凝聚体，小小的笔尖承载着很大的负荷。当笔以平衡的方式朝一个方向运动时，就产生一条直线，我们会感受到力的前后一致的连续运动轨迹，这种线是平衡的、单一方向的，具有稳定感。当运笔过程中，不断改变运动方向，使其成为曲线时，线的稳定感消失了，看到的是晃动的线，具有强烈的运动感，令人感觉不稳定。所以线是画出来的，不是描出来的，要一气呵成，反之，线条就失去动人的表现力。

总之，线是最原始最幼稚的造型因素，同时也是最复杂而难于驾驭的高级造型手段和艺术语言。而单线描绘法难度较大，要求有较强造型能力的同时，还要不断提高绘画者的艺术素养，做到循序渐进、勤能补拙、步步提高。只有这样才能笔下生辉，画出赏心悦目的手绘作品，使观者能够领略到艺术作品所具有的表现性内涵和感受到画者内心情感的激荡，见图2-15～图2-21。

图2-15 喀什建筑1

作者用线条表现了喀什景色，画面线条的疏密，景物之间的穿插安排，前后层次的处理，都在对画面的整体把握之中。作品中路灯、电线杆采用粗线表现形式，加强了画面空间，丰富了线条变化感。

图 2-16　城市建筑 2

因文化的交融，当代中国出现诸多西式建筑。这幅作品是运用粗线与细线结合的手法，使画面感觉丰富而有厚度，不同的时代赋予了建筑物不同的生命。画面疏密相间，透出西式建筑的淡雅、清新、理性的情调。

图 2-17　水乡乌镇 5

这幅作品具有典型的江南水乡建筑风格。作者借助建筑特征，采取变化多样的构图形式。以密集的粗线条描绘了河边长廊，用细线条刻画了建筑的黑瓦白墙，小桥流水的迷人景色。巧妙利用取舍的手法，给人以更多的想像空间。

图 2-18 渔船 2

渔船码头的写生适合用粗线条来描绘，能够表现渔船经海水浸泡，风吹雨打的斑驳感，与远处的建筑形成鲜明的质感与视觉对比。增加了画面空间的纵深感。

图 2-19 蒙山大洼 1

树木的画法适合用曲线、涩线来描绘，表现了树木的沧桑、曲折感。用直线、折线表现石头，刻画了石头的坚硬感与沉重感。本图描绘的是蒙山大洼的栗子树，已有百年历史，但每年秋季还依然硕果累累。

图 2-20　钢铁企业 2

这幅作品画的是济南钢铁厂。线条粗中有细，变化多样，运笔中锋为主，侧锋为辅，增强了钢铁企业错综复杂的构造形式感。

图 2-21　水乡乌镇 6

作品用比较精细的线条，刻画了建筑的屋顶、门窗，形成了以线密集排列的黑色块，使画面黑白对比鲜明，空间感、节奏感较强。孤独的小船游荡在水面上引人注目。

二、线面手绘的表现

用线面对建筑或场景进行手绘是常见的表现形式，这种构成方法是将明暗构成和线条构成结合起来运用，以使手绘的表现更臻完美。运用线条明确肯定的特点，强调和概括客观物象的结构特征，发挥明暗表现的丰富层次，加强物象表象感觉的表现，借以深入细致地刻画形象。两者相辅相成，相得益彰。这里所说的线条同明暗构成中开始阶段用来定位置的线不是一个含义，而且相差甚远，那种线只起到定位的作用，一旦使命完成，就被明暗层次所替代，最后线在画面中消失得无影无踪。而这里所说的线，从一开始画，就具有一定的表现价值，它本身即是物象的一部分，又具有相对独立的审美价值。这种线条直到手绘作品完成，也是整幅作品的一部分而单独存在，至于它在这幅作品中演绎的何种角色，完全取决于绘画者的主观意愿。手绘在这种线条与明暗的结合使用中，一般有主次之分，要有所偏重，或以线条为主角，结合明暗技法；或以明暗为主角，结合线条表现。前一种是在线条无法表现的地方，适当结合一些明暗技法，以弥补线条表现的局限。这种结合的方式极其多样，即在背光部或凹处用排线组成明暗调子，以增强体感。后一种以明暗为主体的手绘，则是在明暗表现不够明确和肯定的情况下，用线条来加强和肯定，或是画面显得沉闷、呆板时，运用富有活力的曲线调节节奏，加强作品的生动灵活性。

这种线条与明暗相结合的表现形式，给手绘者提供了广阔的发挥余地，既可以迅速而准确地捕捉整体，又可以深入细致地表现某个局部突出重点。两种形式的结合使用，可以形成变化多端的节奏韵律，这要归功于线与明暗的对比效果。但是，线与明暗要结合自然融为一体，在画面气势、风格上要一致，线之勾勒与明暗渲染要恰到好处，适可而止，切忌生搬硬套、牵强附会。如线条已表现到位的地方还再用明暗"丰富"一下，或明暗已显示的地方再用线"肯定"，这只能适得其反、画蛇添足，起到相反的作用。同样也应该注意，如果以哪一种为表现主体，则应充分发挥它的主体作用，尽职尽责，而不应存在依赖心理，如果线条表现不好可以用明暗来补充，而放松对线条的表现要求，这样势必会影响手绘作品的艺术表现质量。因此，不论是以线条还是以明暗为主，都必须起到主导作用，精致入微的表现。线面之间的关系，应该主次分明，相辅相成，而不是主次不分，相互依赖，被动牵强的凑合。线面结合的手绘是一种常见的表现形式，这种表现充分发挥了各自的优势，弥补相互之间的不足，强化线与面、面与线的关系，突出了结构、空间、体积、质感、意蕴等重要因素，是一种很好的表现方法，见图2-22～图2-24。

图 2-22　城市建筑 3

此景描绘采用的是线面结合的形式，通过大面直排线描绘建筑投影，加强了光感的表现，用笔放松、自如。画面构图为均衡式。

图 2-23 水乡乌镇 7

为了求得画面的某种效果和肌理，艺术家都喜欢尝试不同的工具和方法，从而产生了丰富多彩的样式。这幅作品运用型号粗的油性记号笔，尝试皴擦像毛笔的使用技法，再利用细线勾勒，画面透出中国画韵味的视觉效果。

三、黑、白、灰手绘的表现

在手绘表现中，经常强调色调的黑、白、灰对比与协调，以达到强化画面节奏和色调的和谐与统一。但是其黑、白、灰的明暗层次，依然以光线的照射为前提条件，所以仍属于明暗光线的范畴。而这里所说的黑、白、灰，不是指色调的深浅层次，而是指构成画面的黑块、白块与灰块的色彩感。所谓黑、白、灰的构成，是指黑色、白色、灰色的色块在画面上的分布与组合，利用不同形状、大小的色块相互协调、配合，构成画面的节奏。这种黑、白、灰构成有几个明显特点：其一，所画的黑、白、灰色块，不受光线

图 2-24　钢铁企业 3

钢铁企业手绘是有悠久历史的，但是工具需要经常变换。变换绘画工具主要是为了追求理想的效果。如果钢笔纤细工整，坚持用钢笔表现细密效果不必更换工具，一旦想挥洒淋漓，对比强烈钢笔就失去优势。在此基础上，为了表现钢铁企业恢弘、浓烈、对比强烈的场景，所以尝试使用了粗、细油性记号笔来加以表现，取得了理想的表现效果。

条件的制约，而受客观物象的固有色彩影响；其二，构成色块的相对明暗值变化不大，不求过多的深浅层次变化，而是通过笔法的多变求得色块的丰富感；其三，他所产生的视觉效果，是介于三度空间与二度空间的感受，不是客观的三度空间效果。这种构成的特点是画面简洁明快、对比鲜明，类似版画的黑白对比效果，整幅作品的构成是以黑白为主线，灰色块主要用来调节和协调统一画面。因其单一色块的明暗值变化不大，故其平面的搭配就形成画面的节奏美感。对不同色块的内在感受理解是进行画面组织分布的前提条件。黑色感觉庄重、深沉、严肃。在作品中显得厚重有力，具有神秘感。有时显得沧桑，积累了岁月的变迁。白色感觉纯洁、朴素、

空灵。但白不是空白，在画面形式构成中，任何白都代表着一定的
画面空间，是画面一部分。因此，对白色块的处理要给人以足够的
想像空间，使人感到充实明快。中国画论中有"知白守黑"、"以
白当黑"之说，即是虚中求实、以虚挡实。同黑白相比，灰色有高
雅、含蓄、内向的感受。在画面中扮演着温顺的角色，对黑白进行
调和，从而使画面构成色感协调，层次丰富，整体统一。手绘时要
考虑画面的色块分布，画黑色块要注意留白，使其不过于沉闷，显
得黑中有白。而处理白色块时则要注意与黑色块相呼应，使其不至
于空乏。黑白对比激化时用灰色来协调，使其不至于过于对抗而分

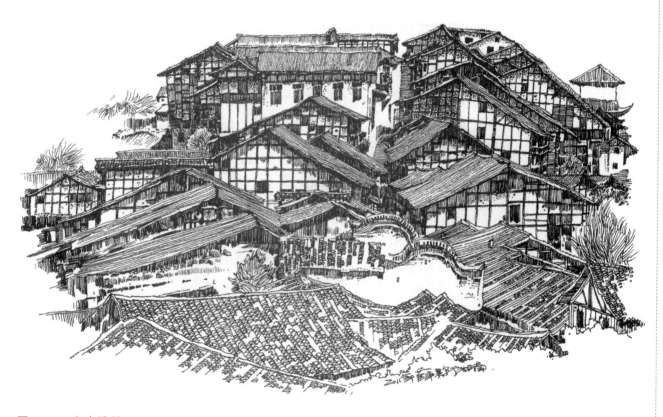

图 2-25　湖南民居

线条是抽象思维结合形象思维的产物；线描是高度提炼的表现技法。线描也描
绘客观事物的轮廓、体面和质地；更主要的是艺术家再现自己的认识、理解和
情感，赋予所要表现的事物以艺术化的生命，因此必有所侧重、加工甚至变
形。此幅作品就是借鉴线描工整、严谨、理性的特点，以线成面的形式绘制而
成。画面中为数不多的树木与建筑融为一体，表现了湘西景色的清静与柔美。

裂。这样才能求得黑中有白、白中有黑、相互映带、满纸生辉的艺术效果。当然，黑、白、灰的具体表现形式因人而异，作者只有对黑、白、灰有正确理解之后，才能熟练的运用各色块描绘出生动的手绘作品，才能在不断的实践中逐渐形成鲜明的个人风格。

总而言之，不论线条手绘的表现，线面手绘的表现，还是黑、白、灰手绘的表现都不是截然不同的，是相比较而言的，无论哪一种画法，目的只有一个，使画面产生线条的韵律感，黑白的对比感，明暗的层次感，空间的深远感，画面整体、统一的生动感，见图2-25～图2-27。

图 2-26　水乡乌镇 8

视觉会把线条与物像的形状联系起来，所以画面上线的基本方向，尤其是占一定面积的排线，使人将联想移情于画面。水平排线有平和感，它来自田园、草地等熟悉的形象；静止感来自无声的平野和如镜的水面；还有温和感来自迷漫的雾气。这幅作品以排线的形式表现了水乡乌镇宁静、怡人的水面景色。

图 2-27 湘西建筑

明度的两极是白与黑，中间是程度不同的各级灰度系列。黑白灰主要有三个来源：物体本身的固有色；光照出现的效果；在环境中因反差程度不同而形成的结果。一般绘画遵循表现物体本身固有色的规律，应白则白，应黑则黑。这幅作品就是按照物体固有色的规律而作的，仰视取景，系一点透视，刻画了街道两侧的房屋门窗富有变化又统一在整体的建筑结构中，突出建筑构造的丰富性，巧妙的描绘了树木、人物、地面，给人以与建筑融为一体的感受。

第三章

建筑场景硬笔手绘的艺术表现方法与设计

本章内容

☐ 建筑场景的观察艺术与创新

☐ 建筑场景的构图艺术分析

☐ 建筑场景的写生艺术步骤

第一节　建筑场景的观察艺术与创新

一、整体观察局部入手

常人在观察物象时，均是眼睛对准某一点，类似照相机原理。使人感觉自然物象都是清晰的，那是因为人的眼睛在移动，是一种不自觉行为。事实上当视觉静止时，就会发现只能看清某一点，其他物象均是虚的，因此人的观察是局部观察方式。而手绘者首先要改变这种观察习惯，应整体观察写生物象，把握物象大的形体与构造特征，忽略琐碎次要部分，做到心中主次分明，有个清晰的脉络和整体感受。所谓整体，就是从物象的全貌特征来认识、把握物象，只有观察的整体，才能画的整体，只有观察出物象的形体与空间，才能画出物象的形体与空间。这样胸有成竹地把握住整体，了解物象的形体与节奏美感，才能够紧扣物象的本质特征。因此，培养整体观察物象是手绘写生的关键一步。

按照格式塔心理学的观点，整体感受一旦构成，即有不可分割性。作为整体观察来说，局部入手写生是手绘的第一步，也是一项重要的基本功。但同时还应始终把握住整体，这两种能力是统一的。因为物象整体是由若干局部组成的，离开了局部整体是空的，而离开了整体，局部无从谈起。所以，在手绘写生时，要始终贯穿整体的概念，只有这样才能做到对整体的形体、空间概括与把握，又有细节局部的深入刻画表现。可以说整体把握意识是搞好艺术作品的重要标志，见图3-1。

图 3-1　水乡乌镇 9

小桥流水，泛舟水上，河面上荡漾着橹桨欸乃声，民居依河而建，黑瓦白墙，好一幅江南水景画。此幅作品是一点透视，均衡式构图。在写生时加以归纳、取舍，注意用笔的方向，根据物象构造方向进行用笔，虚实相间，黑白对比，使画面生动而富有变化。

二、概括、取舍与归纳

　　大千世界物象纷繁复杂，当我们面对这样的景物，如何理解、选择要表现的景物，确立怎样的表现技法这些都是描绘前要构思立意的。也是需要初学手绘者颇费心思的问题，所以，手绘时面对客观物象要整体观察，具体分析，观察物象的形态特征，分析与之有关的元素符号，表现其内涵与气质。然后再聚精会神地描绘。选中一个建筑或场景，眼前所有的物象不可能全都画下来，要对建筑物或场景进行一定的取舍，刻画感动自己的物象主体，凡是破坏画面主体与主题无关的物体要敢于概括处理或加以删除，只要是能够加强画面的形式美感元素，符合形式美法则我们就予以保留并加以归纳。将这些美感元素描绘下来，使画面的大效果简明突出，展示出大气魄和格调高的艺术追求。只有这样才能使画面的远、中、近三景层次分明，主次关系明确，使各物象间协调、统一。使人感到景无我而在，境有我而美的动人感受。反之，如果把与画面主题无关的物体都画下来，看到什么画什么，漫无目的的生搬硬套，使整个画面毫无生机，让观者感到作者麻木不仁，失去了对景写生物我交融的感受，见图3-2。

图 3-2　蒙山大洼 2

三月的春天，乍暖还寒，但万物已有生发的景象，置身于山水村落间，心随境转。作品抓住乡村特有的柴垛、粮囤等进行描绘，运笔流畅，一气呵成。

三、对比法则

　　在运用点、线、面造型现场写生时，要认真仔细观察客观物象的各个元素：天空、山水、地面、建筑、树木、人物等，明确各元素之间的相互关系，运用形式美对比法则加以相互比较。如主次对比、疏密对比、黑白灰对比、面积对比、色彩对比等。对比在建筑、场景手绘中是必用的艺术表现手法，因为对比在自然物象中比比皆是，所以，对比法则是绘画、艺术设计不可或缺的艺术规律，没有对比艺术的形式美无从谈起，见图3-3。

图 3-3　水乡乌镇 10

这幅作品右边建筑屋顶、门窗为刻画重点，与左边形成鲜明对比，同时也增加了画面空间感，使虚实、主次明确。

1. 主次对比

　　面对景色写生时，首先要思考所描绘的主要物象和次要物象的比例关系，主要物象要占据主要位置。而且比例要大，次要物象要居次要位置，比例要小。天空与地面或水面的场景面积不能相等，一般以地面近景为主，天空为次。这样表现画面才会有主次之分，生动感人，见图3-4。

图 3-4　主次对比

2. 疏密对比

疏密对比是手绘中重要的对比法则，也是线条画法表现空间的重要手段之一。线条表现形式非常多变，可长可短、可粗可细、可直可曲。线条又可以表现人的内心情感。线条经过精心组织，有疏有密，疏密对比能够表现物象的空间、虚实、节奏、韵律感等，见图3-5。

3. 黑白灰对比

黑、白、灰对比是色块在画面上的位置及面积大小，构图时要加以处理。在手绘时，要观察分析物象的色块分布，用黑、白、灰色块强调形体体积的转折和局部的起伏，以及主次关系、虚实关系。并对黑、白、灰色块进行深浅变化的排队，见图3-6。

图 3-5　疏密对比

图 3-6　黑白灰对比

4. 面积对比

面积对比是手绘写生时常用的对比手法。在构图时，就要对物象的各面积进行比较，物象左右、天空与水面之比，做到有主次、宽窄、高低之分等。这样画面才会产生对比，使作品生动有趣，见图3-7。

图 3-7　面积对比

以上各种对比方法，仅是手绘写生时多种对比的一部分，任何对比手法不是孤立存在的，它们是相互穿插使用，关系密切，也是作者主观与客观，理性与感性的完美结合。

第二节　建筑场景的构图艺术分析

　　建筑场景硬笔手绘具有一定的抒情性，是绘画者审美情操、艺术素养和情感抒发的具体体现。这种抒情性的表达，就取决于取景、选景、构图、色彩等因素构成的审美趣味。手绘写生面临的第一个问题，也正是对这些问题的研究，初学手绘者主要有两个困惑，一是不知画什么，二是什么都想画，却不知如何取景、选景，这就需要我们有一双敏锐观察的眼睛。那就要到自然生活中去观察、感悟，从严格意义上讲，自然是纷繁而美丽的，生活是多彩而复杂的，但这种自然中存在的美并不等同于艺术之美，只有绘画者发现了这种美，并将其挖掘出来展现在观者面前时才称得上艺术美。同样景色，不同的人观察有不同的感悟；同样景色，同一个人在不同的位置就有不同的体验与选择。所以，手绘作品取决于绘画者是否从自然中发现并感觉到这种美，这种抽象美需要从纷乱的自然中提炼出来，要求绘画者具有去粗取精的处理能力。经过处理，观者应该能够看到绘画者曾经看到的东西，感受到绘画者曾经感受到的东西。好的手绘作品既不违背自然规律构成法则，又力求高度的概括提炼，因此取景和构图就显得尤为重要。要勇于在自然中发现、挖掘节奏感、韵律感，强调线条、色块、形状等形式因素所形成的美感，从纷乱中寻找出秩序感。手绘写生取景，不是拍摄式自然场景的机械描绘，是主观能动性的艺术体现，是对场景的艺术再现。运用取景框取景对于初学者来说，无疑是最好的办法。一张纸板，切出方口或长方口，也可根据自己需要切出不同形状，这样构成取景框，左右、上下、前后移动景框进行取景，满意方可。经过多次练习掌握取景规律，直到在心中取景进行写生（见图3-8）。

一、构图的原则

　　手绘的取景与构图是相互关联的两个方面。当把所选择的景色确定下来以后，构图是手绘重要的环节，是构思和安排视觉要素的总设计；构图工作是思考过程也是组织过程。研究构图之目的在艺术家如何明确表达自己的想法，也要考虑如何对视觉起作用；须

图 3-8　平遥古城

垂直线的物象有崇高、神圣、严肃之感，它来之高峰、尖塔、阁楼、砥柱、大树等熟悉的物象。这幅作品省去了繁复的排线刻画，用疏密有致的线条勾勒古建筑的宏观气势，表现了平遥古城幽深的文化底蕴。此画的精到之处在两处阁楼，体现了局部刻画形与形的关系，线条精到、硬朗，方圆曲直各有变化，给人以古朴、怀旧的感情色彩，见图3-8。

知观众全凭直觉，并不考虑构图问题。构图包含许多对立因素以及互相的作用，图与地，明与暗，平面与立体，视角与引向，动势与静态等，使它们在画面中安排取舍达到和谐统一，也就是理想的构图。也可以说构图是形象或符号对画面空间占有的状况。构图在中国画中称为"经营位置"，唐代张彦远说："至于经营位置，则画之要。"就是按形式美的原则组织安排在平面上，同一题材可用多种构图形式表达，但不同构图的效果却不尽相同。一般构图的基本原则有如下几个方面。

　　注意纵深层次：手绘构图首先要注意近、中、远景的纵深层次，可有意识地加以概括处理，使之产生秩序感，有条不紊地分清这些层面。一般应把表现的重点和主体物放在中景部位；近景可适当归纳，使之活跃而不杂乱，不可过分细腻地处理；远景是需要推远的部分，应该概括和淡化处理。

抓住视觉中心：手绘写生中的主体要安置在比较适当和突出的位置，在此基础上求得生动稳定的画面。由于景物本身较为复杂，各种透视法因视点角度不同而有所变化，所以需要通过一些具体的实景描绘，增加整个画面的情感和趣味。手绘景色构图还要注意平视、仰视、俯视的透视变化，注意在什么位置上能够有效表现主体的面貌及它的神采，就采用什么角度和透视方法。若表现建筑物的高大，可采用把地平线压低的仰视透视法；若表现全景式的景物或城市风景，则可采用把地平线升高的俯视透视法；而一般的手绘写生，则多采用与眼睛相平行的平行透视法。一般要注意不能将地平线画在画面上下二分之一处，以避免造成使画面被切割成两半的感觉。

善于捕捉形式美感：手绘写生要善于捕捉自然、生活中的节奏感和韵律感，它们有可能是建筑物高低错落的节奏感，也可能是天地交错块面感，大河曲线的韵律感。明确重点，分清主次，运用对立统一的方法，巧妙地利用景物的明暗、疏密、远近、虚实、动静等构图因素，利用树木、高架线、路灯、烟囱、渔船桅杆等竖形状的物体的穿插打破水平线，以形成高低不同、疏密有变的形式美感。利用人物、动物及交通工具的点缀，使画面增加动感，变得生动而充满生命力。绘画历来对画面边角十分重视。中国传统绘画有"金边银角"之说，可见边角的处理在画面整体关系中十分重要，所以在处理画面时一定要对边角别具匠心，做到尽善尽美，以体现艺术功力。

注意透视变化：注意手绘景色中物象近大远小、近高远低、近宽远窄的透视关系。应该清楚各物象的透视变形相当大，要在造型比例和透视关系两个方面同时用力，加强景色的空间感。哪个方面不注意，都解决不了透视空间的问题，见图3-9。

二、构图的主要形式

构图的重点在于形、形体的位置与组合。同时，构图形式是多种多样的，构图是绘画的基本语言，要依所要表达的意义而构建，就像说话要简明精炼一样，构图也要以一种醒目的结构样式，明确而有力地把它的基本意义展现给观者。通常构图表现形式主要有以下几种：三角式、均衡式、对角式、平行式、垂直式、满构图式等（见图3-10）。

图 3-9　水乡乌镇 11

此幅采用典型的均衡式构图，系一点透视，表现了水乡宽阔的河道上，轻舟荡漾，民居依河筑建的江南景象。描绘形式细线与粗线相结合，近景的廊柱、美人靠以粗线为主，增强了画面的纵深感，加上波纹涟涟的河面，使画面空间感更加深远。

　　三角式：三角式构图在静物绘画中，是常用构图形式。而在手绘写生时三角式构图，体现的是不同的倾斜度，会产生不同的稳定感受。写生时可根据需要布局不同倾斜角度的三角形。三角形构图有坚实、稳固的视觉感受。

　　均衡式：是指整个画面构图安排要匀称，是建筑、场景写生最常见的构图形式。是不对称的平衡，要根据力的中心，将画面中各物体分量做适当的安排和调整，从而达到平衡的效果，是感觉上的平衡，不是绝对的平衡，使作品更富有变化。均衡为物象的安排提供了较大的自由和变化的天地，是一种灵活的构图方式。

　　对角式：对角式构图在对景写生中，是动感较强的构图形式，打破了常规平稳的构图方式，使人的视觉产生强烈的动感，画面更加活跃，倾斜角越大动感越强。

　　平行式：描绘的常常是辽阔无边、视野开阔、呈平行状展开的景色。如平原、大海等，但在一字排开的建筑景色也用此法。这种构图在视觉上是横向伸展，给人以开阔、平静、稳定的心理感受。

　　垂直式：常用于高大、直立、挺拔的物象，视觉上使人感到崇高、动式感强有拉伸感。同时也有庄重、静寂的感觉。如高楼大厦、教堂、树木等。

　　满构图式：是以画面所表现物象的面积及量的多少而称谓的。以俯视角度对建筑、田野、乡村写生时通常采用此构图，构图饱满，充满生机与活力，画面形式感强。

三角式

均衡式

对角式

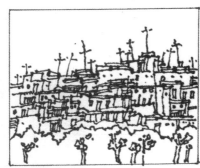

平行式

垂直式

满构图式

图3-10　构图形式

总之，构图形式要与作品表现内容和作者的心理感悟相统一。并依据形式美法则来设定构图形式。对于构图形式的把握，要在手绘写生中加以练习，还要多读、多思考他人的优秀作品，分析他们的构图形式，方能从中受益，逐步提高。构图的基本法则就是在一定的规律中求得变化，疏与密、繁与简、虚与实、开与合、均衡与对称、变化

图 3-11　蒙山大洼 3

构图是重要的绘画环节，是构思与安排视觉要素的总设计，构图工作是思考与组织的过程。这幅风光景色系满构图形式。表现形式是以斜曲线为主，画面具有活泼、动感充满清幽的诗情。黑色的背景与层层梯田遥相呼应，条条弯曲的梯田引导视线进入画面深处，彰显了大地厚德载物的博大情怀。

与统一等。但基于各作者的艺术素养和表现手法不尽相同，采取的角度不同，作品的变化也是形式不一。写生时应根据不同的表现内容，选择合适的角度确定构图形式，不可生搬硬套、墨守成规。自然中有其法则可循，但也要遵循形式规律，方能打破常规，创作出新的艺术构图形式，形成鲜明的艺术风格，见图3-11～图3-15。

图 3-12 巴黎圣母院 3

这幅描写巴黎圣母院的作品是等腰三角形构图，使用油性记号笔画的，以中锋运行为主，描绘出建筑结构的穿插关系。主要对中景的建筑物进行精心刻画，近景的树木做了概括处理疏密有所变化，远景的天空是一片虚空，衬托出圣母院的神圣。这种表现方式充分发挥了线条的优势，长短线结合表现了结构、空间、质感等构成因素。

图 3-13　水乡乌镇 12

此手绘采用的是均衡式构图，描绘的是江南水乡的一个场景，黑瓦白墙，小桥
流水，小船悠悠，刻画了江南恬淡宁静的景色。表现方式是线面结合画法，粗
线与细线相互运用，天空与水面的面积形成鲜明的对比。增强了画面的节奏
感、韵律感。

图 3-14　渔船 3

这幅作品采用的是满构图式构成形式。描写的是胶东七月渔港的休渔季节，骄
阳似火，碧海蓝天，一排排渔船，一根根桅杆静谧而开阔的场面。表现形式采
用粗线与细线相结合的方式，疏密结合，以写意的手法，舍去了细节的刻画，
增强了画面的氛围。画面对比强烈，形体更加突出，具有强烈的视觉效果。

图 3-15 热电厂

这幅作品是均衡式构图。描写的是热电厂的工作场景，蒸汽滚滚，铁塔高耸，一列满载煤炭的火车横向穿过画面，使竖向的铁塔与横向的火车形成力的对抗，增强了工矿企业的繁忙景象。作品以粗线表现为主，细线为辅，线条疏密有致，形成了黑白对比的版画艺术效果，是一幅比较完整的写生作品。

第三节　建筑场景的写生艺术步骤

一、整体落笔写生

首先面对客观物象时，要用移动的眼光观察分析物象的形体特征、主次关系、比例、透视关系，用笔在纸面上淡淡画出物象的大体轮廓，画时可找一些辅助线，线条要灵活，不要太硬，然后根据画面整体构图的需要把有用的形体描绘下来。深入刻画时，要从整体入手，主次呼应、疏密对比、虚实相生、前后比较等，这种手法有利于对整体的把握。主体物象要着重刻画，概括、删减次要物象，心态要放松易于控制画面。

建筑场景手绘的方法一：

（1）确定画面构图，可先用铅笔淡淡起稿，也可直接用笔，画出物象的基本比例和外形特征，以简练、概括、大胆为主，力求线条比较准确。确定近景、中景、远景三者之间的关系。把握场景大的透视关系，为深入描绘做准备，见图3-16。

（2）画好构图后，还要考虑物象之间的对比关系，包括主次、大小、前后遮挡、疏密等，从整体出发把握近景、中景、远景的层次、虚实关系。根据写生前的立意、构思进行恰当的取舍，使画面在整体中刻画，在协调中推进，见图3-17。

（3）用硬笔进行手绘，要熟练把握工具的性能。运用粗、细线条刻画物象的各部分时，要注意落笔的线，收笔的线，接笔的线之间的协调关系，把握好各部分间的遮挡、衔接关系，以及先后刻画顺序。线条要精炼、简洁有力，生动而富有弹性，时刻把握画面的生动性，见图3-18。

（4）整体调整画面，使主题更加鲜明。对细节部分进行深入，处理好主次、疏密、繁简、前后关系，对画面的几个边角进行处理完善，控制画面边角堵与疏的比较关系，把握画面整体、统一、协调的全局，最后签名完成，见图3-19。

图 3-16　整体落笔写生步骤 1

图 3-17　整体落笔写生步骤 2

图 3-18　整体落笔写生步骤 3

图 3-19　整体落笔写生步骤 4

二、局部落笔写生

　　局部落笔写生要求作者有较好的绘画基本功。同时，局部落笔写生是对景象的整体观察后，进行具体分析，确定主体位置，归纳、取舍次体形状，把握景象的整体面貌特征及形式美感，先在心中立意，取景、构图同时进行，而后大胆落笔从局部入手，意在笔先，做到笔笔刻画既能表现形体特征、远近虚实关系，又能表达个人的情感感受。线条要注意粗细、轻重、强弱、疏密变化，曲直、快慢、顿挫、转折要恰到好处，为进一步深入刻画到作品的整体完成留有余地。

　　建筑硬笔手绘的方法二：

　　（1）在心中确定画面构图，做到意在笔先、胸有成竹方可落笔，使线条力透纸背。注意物像之间的前后遮挡关系，和先后描绘顺序，做到有条不紊，见图3-20。

　　（2）运行线条时，要时刻把握主体与配景的关系，物体的大小、高低、疏密等对比，掌握先后刻画顺序，做到心中有数，见图3-21。

　　（3）此幅手绘采用的是局部入手写生，不再起稿，运用线条的组合、穿插、重复、疏密来深入刻画物体，既是因个别线条与描绘物体相悖，也要灵活变化将错就错，切不可打乱事先的构思安排，因此刻画时要时刻考虑画面的布局与整体关系。在有条不紊中推进，见图3-22。

　　（4）当写生接近完成时，描绘的重点应放在对画面整体效果的把握上，可稍作停顿，审视整个画面，从主体到边角，如有不足，因势利导可调整补充，使画面均衡、和谐、统一符合形式美法则的变化规律。最后签名完成，见图3-23。

图 3-20　局部落笔写生步骤 1

图 3-21　局部落笔写生步骤 2

图 3-22 局部落笔写生步骤 3

图 3-23 局部落笔写生步骤 4

第四章

建筑场景
硬笔手绘的配景表现艺术

本章内容

□ 树木花草植物配景表现

□ 人物与交通工具配景表现

□ 建筑结构的局部表现

□ 自然物象的局部表现

建筑场景硬笔手绘不仅是对建筑和其他场景进行描绘，而且还要兼顾到周围的环境特征，建筑环境有着优美的自然环境，也有巧夺天工的人工园林环境设计等。天空地面、花草树木、山石水景与建筑构成的是静止的景观，人物、车、船等呈现的是流动景观，建筑物与环境浑然一体，是一个不可分割的有机整体。在建筑场景手绘中，环境中的景物是建筑的配景而出现的，处理好建筑物与环境中的配景关系，不仅能够使环境中的配景起到烘托建筑物的主体作用，同时也对手绘者表现建筑与空间环境的概念理解起到积极的促进作用。

第一节　树木花草植物配景表现

当前，随着社会经济的逐步提高，人们对环境美化舒适的要求越来越高，绿色生态意识已深入人心。植物不仅能改变生态环境，同时也能够愉悦人的精神，有益于身心健康。尤其在当今园林城市的建设中，各种植物的使用在发挥着积极的作用。在城市园林建设中，植物主要以乔木、灌木、花草为主体，设计者大多以本地的土壤特性，气候条件来栽培各种植物。而我国植物根据地理、气候大体分南方植物和北方植物两大类。可以说一处环境的设计，离不开各种各色植物的美化。下面对乔木、灌木、花草的手绘表现做一简单介绍，见图4-1、图4-2。

图4-1　南方树木

图 4-2　北方树木

乔木：树身普遍高大，有主干和树冠，如松树、白杨、槐树、梧桐树、水杉等多种。乔木又分为落叶类和常绿类。落叶类有：槐树、梧桐树、苹果树等，到了秋冬季节和干旱时树叶会脱落。常绿类：松树、樟树、柚木等，常年保持绿色，观赏价值较高。

画树应先从单株树练起，这样，对树的生长规律与大的结构可以清楚了解。树木分为树干、树枝、小枝三个部分。画时应先画树干，而后画树枝，最后花小枝。用笔的一般顺序是从上往下画，先画左面，再画右边。画树干时用笔须顿挫有力，线条应干涩、生辣，以表现出树干的粗糙感。线条要明确、肯定，要有写的意味。一般中锋用笔，中锋线显得圆劲、凝重而饱满。用笔的方向有顺、逆、拖、送等。一株树画好后，应画两株树的组合。两株树组合，便有相互顾盼的关系，在姿态上、神气上有照应，而不是互不相关，各自独立。两株树要有主次关系，虽不明显，但也要有，否则，就显得平了、散了。可一大一小，一高一低，一前一后，显得有情致，中国画叫"扶老携幼式"树枝的分布，也要有主次，又先后，不能平均用力。树枝的左右关系易画，而前后层次难写，这就需要掌握规律。画树要四面取势，"树有左看不入画，而右看入画者"。在组织树木形态时，写枝要忌左右对称，要有以一边为主的树枝，而另一边要疏朗一些为好。这样，既有对比关系，又有统一平衡。画树枝用笔要慢，沉着有力，画小枝要笔笔扎实稳妥，避免浮滑，而影响整棵树的效果。树的根部应最后画，可根据树身及树枝的整体关系来确定树根的形态及大小比例关系。

在明白了树干、树枝的生长结构，穿插规律的特点后，我们就要研究树叶的画法。自然的树木许多种，而树叶的形状、特质也各有不同。如梧桐叶阔大，槐树叶细密，杨树叶圆碎等，千形百状，不一而足。树叶的画法有：点叶法、夹叶法、点勾相结合的画法等。点叶时要注意点子的大小、粗细，方向的变化应和树的类型相适应。夹叶树的画法，就是用线来勾出叶子的形状，轮廓来。这种方法使树叶显得疏朗、清秀。当然也可以点叶与夹叶画法并用，以取得一种对比效果。

乔木树冠较大，树枝在树叶中若隐若现，树枝不全显露，写生时应注意树冠中的间隙留白，形状大小、疏密、间距不等，切不可画满；树冠外形高低、曲折变化不一，要考虑前后树冠的层次、遮挡、形状等。用笔要灵活，切忌僵硬、呆板。对于多数伞状、球状、锥状的树冠，可以采用概括、归纳的手法，简单明了，用笔干脆利索就可，见图4-3～图4-5。

图4-3 乔木的表现1

图 4-4　乔木的表现 2

图 4-5　青岛建筑 2

作者利用娴熟的技巧，在对画面线条的疏密，景物之间的穿插安排，前后层次的处理，描绘时都在整体的把握之中。画面中树木与建筑交相衬托，使建筑主体更加壮美。

灌木：是没有明显主干的木本植物，植株比较矮小，出土就分枝，可分为观花、观叶、观枝干等几类。牡丹、地柏、迎春、黄杨、月季等多种。灌木与乔木相比要低矮一些，栽植以成片成群为主，树干多又细，常被人工修剪。灌木与乔木的写生表现有较多相似之处，表现时要以线条为主，用笔要肯定，能表现出主要的结构即可，要注意树冠造型的间隙形状处理及树冠与树干的整体关系，见图4-6～图4-8。

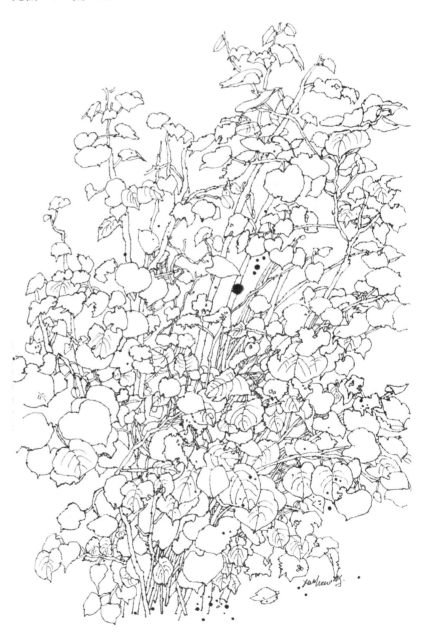

图4-6　灌木的表现1

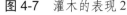

图 4-7 灌木的表现 2

图 4-8 桃树的表现

花草、草坪、草丛等草本植物：均属于茎含木质较少，较柔软。常见在城市公园绿地，住宅小区绿地，公共道路景观绿地等。这类植物表现时应简练、概括，下笔肯定，一气呵成。注意大的外形起伏变化，疏密、高低、聚散、遮挡等对比关系，可以根据画面构图需要，对局部进行处理。使画面前后关系，层次分明，虚实得当，也可适当做光影处理，见图4-9。

图 4-9 苏州园林 1

作品中用不同方向、粗细的线条描绘成这幅园艺景色，这种语言不仅没有琐碎的感觉而且增强了画面整体的表现力，黑色小瓦组成的屋顶是画面的重色，左侧高耸的太湖石与右侧建筑相互辉映，增加景色层次的同时起到了稳定画面的作用。

短叶类植物：短叶类是指叶片中小型的单叶类花卉。此类花卉叶片的组织难在叠叶，也就是叶子的画法。掌握叠叶的规律以竹子最为典型。当今中式园林及中式建筑、南方建筑中，竹子是常见植物。画竹时竹竿的交叉规律，是二竿相交不能十字，三竿不能交于一点，否则即成所谓"鼓架"。同时画竿要注意生长规律，中间节长，两头节短，不可长短一律或忽长忽短。画竹难在画叶，竹叶变化多端，层次繁复，也正因为其难度大，掌握了竹叶的规律，画其他短叶类花卉的叶片组织就可得心应手，见图4-10、图4-11。

图 4-10 竹子的表现 1

图 4-11　竹子的表现 2

第二节 人物与交通工具配景表现

建筑场景手绘中的配景，是为了衬托主体物而应用的，在画面中属于从属和参照地位。这种配景的表现如同戏剧中的主角与配角，处理得好坏到位与否，会直接影响到写生作品的生动性和真实性。

一、人物的表现

人物在建筑场景中是一个精彩点，起到活跃画面，点缀画面，与建筑或其他物象形成大小、动静对比的作用，使画面充满了动感的活力。在建筑场景写生中对人物的刻画，要简练概括，抓住其大的外形特征及其动态感，简化、省略细节的刻画，人物的动态能够反映人物的形体、职业、年龄等特征，把握人物的重心。人物的疏密组合，大小错落，可以强调空间层次。人物的衣着，会影响整个画面的气氛。因此，我们可以根据现场写生或实际需要来确定人物的形态。

由于常人对人物特定高度习惯性的认识，往往会以人物的高度为参照来衡量建筑和其他物象的高度和大小，很自然地使人物融入画面中，让人物与空间、建筑物、其他物象形成一种比较关系，从而也对画面的建筑、其他物象的高度产生联想与认定。如在手绘表现中，人物画得过大，就显得建筑物和其他物象比较矮小，反之就使得主体物过大，所以要把握好人物与物象的比例关系。

服装的不同类型、款式及色彩，可以表示出人物的年龄段和阶层：前卫的年轻人，穿衣大胆时尚，用笔要硬朗，上衣比例要短，这种人物适用的场合较多。成功人士，衣着一般为西装，常与皮包搭配出场，表现他们时要把其体态刻画得较宽胖。经常应用在街景等场景中。老年人代表性的元素是用拐杖、身体驼背等。在具体表现时，他们身后可能跟个小孙子，以增加人物群的生动性，一般用于生活区景点。少女的特点是体态修长，腰高腿长，马尾辫轻摆。她们有时身着长裙，一副淑女状；有时身着短裙，脚蹬长靴，一副摩登女郎形象；或者穿上吊带衣装，又是风情女郎的模样。中年妇女，穿衣保守传统，挎个大包，身体较胖，两腿较粗。老年妇女身宽体胖，两腿微弯，一般和小孩同时出现，见图4-12～图4-14。

图 4-12　人物的表现 1

图 4-13 人物的表现 2

图 4-14　人物的表现 3

在具体表现人物场景时，要注意以下几点：

（1）近景人物要注意形体比例，同时也可以画一下表情神态，远景人物要注意动态姿势。

（2）画面上较远位置出现的人群，通常省略细部刻画，只保留人体的外部形体轮廓。

（3）具体刻画近处的人物时，腿部画得要修长一些，这样会增加画面的美感。

（4）在处理人物构图位置时，一般不要使人物处在同一条直线上，否则会给人一种呆板的感觉。

（5）画面上众多人物的安置，其头部的位置一般处在同一视平线上，写生时这种情况较多，以此为依据易于画出远、近人物的比例和透视变化。当人物不等高时，人物远近经过视平线的部位上、下有差异。

二、交通工具的表现

交通工具在建筑场景写生中是一种经常出现并加以描绘的配景内容，有汽车、摩托车、自行车、船舶等。写生时应根据景色情况和画面构图需要酌情进行增减，这样更能烘托建筑主体或与其他物象形成动静对比，丰富画面表现内容，渲染场景气氛。

交通工具写生的重点是要把握好其基本特征、结构、比例及其透视变化，以线条结合或线面结合为主，要求用笔干净利索，简明扼要不可拖泥带水。交通工具的透视、比例关系要与建筑或其他物象相统一。当今汽车的品牌种类很多，外形特征、材质、色彩变化较大，写生时要抓住大的外形特征，尽量简单明了。在画面安排交通工具时，要根据场景实际情况和画面构图布局的需要而酌情加减，如城市景色中小汽车、公交车、自行车较多；工矿企业中大型运输车较多；车站码头中出租车、摩托车较多。在浙江、江苏、安徽、湖南等地以皖南风格的徽派的建筑较多，大多建在河道两旁，带棚子的小船是景色中不可或缺的，写生时要注意形体的大小、透视、数量、疏密等问题。总之，交通工具在画面中的配置应以构图艺术的需要而定，不能感情用事，画蛇添足，而影响作品的艺术效果，见图4-15～图4-17。

图 4-15　汽车的表现

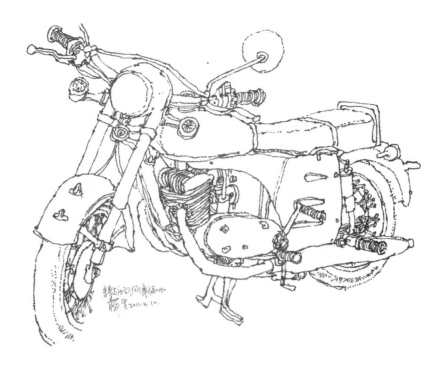

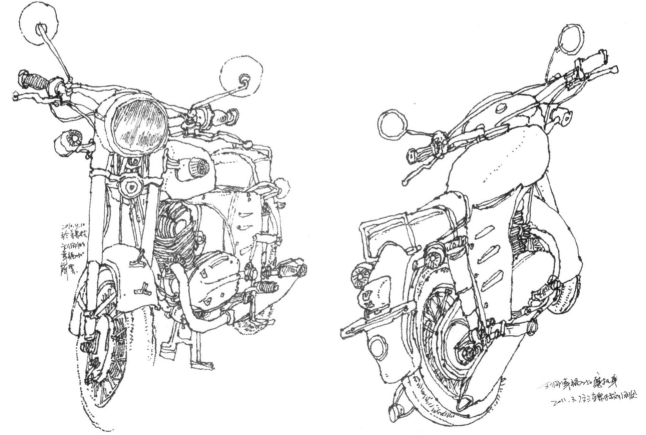

图 4-16 摩托车的表现

图 4-17　水乡周庄 2

第三节　建筑结构的局部表现

　　古今中外的建筑风格、式样相差各异，每一个时代不同地域的建筑都有其鲜明的政治与艺术色彩。如文艺复兴时期建筑家与艺术家认为，哥特式建筑是基督教神权统治的象征，而古希腊和古罗马的建筑是非基督教的。认为这种古典建筑，特别是古典柱式构图体现着和谐与理性，并同人体美有相通之处，这些正符合文艺复兴运动的人文主义观念。中国明清的皇家建筑，体现了中国封建社会皇权至上的政治思想。同时也体现了当时人类文化的时代特征及设计者的创作风格。一幅优秀的建筑手绘作品理应表现出建筑的形体构造、材料、透视、空间关系及鲜明的精神特征。建筑的外观特征转折关系明显，写生时应把握它的主要特点，运用透视原理，认真地刻画出建筑的构造关系、色彩关系、明暗关系，特别要对体现人文特征的细节进行仔细描绘，如门窗、雕塑、雕刻、墙面、屋顶等，细部刻画到位与否，决定着作品品位与画面生动性。同时也为设计者了解建筑构造关系及绘画者收集创作素材做好了充足的准备，见图4-18～图4-20。

图4-18　欧洲建筑局部

图 4-19　苏州园林局部

图 4-20　建筑雕刻局部

一、门窗的表现

建筑上的门又称户。"门"与"户"相通是现代的词义概念，追溯其源二者是有差别的。周代称双开门扇者为"门"，单开门扇者为"户"，这种结构上的差异直观地反映在甲骨文中。在其后的千年演变中，门与户的概念渐趋融合，最终合称为"门户"。在中国传统建筑的浩瀚体系中，门是最引人入胜的构件，其形制丰富，工艺精湛，并以结构的装饰化为特征。中国传统建筑的门不仅渊源久远，还承载着丰富的文化内涵。在很多情况下，门差不多就是"家族"的代名词，人们称家庭为"门庭"，称全家为"满门"，称家中有喜事为"喜临门"，称家庭的社会地位为"门第"，称家族世代传承的德行、风尚为"门风"。门的概念还扩大到宗教、思想体系、行业等方面，派生出与门相关的名词，如佛门、师门、门生、门客、门派等。功能名称有：城门、宫门、庙门、宅门、棂星门等。门的构件多为木制，包括门扇、门框、门限、门闩、门楣、门簪等。另外还有砖瓦制成的门斗、门楣、石材制成的门枕及各种金属饰件。门主要装饰工艺有木雕、砖雕、石雕、油饰彩画、五金及门匾、门联、门画等，见图4-21～图4-24。

图 4-21　水乡乌镇 13

图 4-22　山西民居

在中国民居中，山西民居与皖南民居齐名，一向有"北山西，南皖南"说法。
山西民居以砖、木、石为原料，黑瓦灰墙，色泽典雅大方。装饰方面青砖门
罩，石雕、木雕楹柱与建筑融为一体。风格独特，结构严谨，集古雅、富丽于
一体的独特建筑艺术风格。

图 4-23　陕西门楼 1

图 4-24　陕西门楼 2

陕西民居以窑洞居住为主，而在平原处民居门楼大多是以砖、石、木构建而成。过去的大户人家在木雕方面也颇费心思。这幅作品运用的是黑、白、灰调子表现手法，刻画细腻，层次感强，给人以历经岁月的沧桑感。

　　窗又称窗户，"户"者门也，可见窗与门有相通之处。虽如此，门、窗终究是两个不同的概念，具有不同的形态与功能。关于门、窗的功能之别，钱钟书先生在《窗》一文中有定性之说："有了门，我们可以出去；有了窗，我们可以不必出去……门是人的进出口，窗可以说是天的进出口。"由此看来，门的主要功能是予人出入之便；窗的功能则是吸纳天光，使人足不出户便可以欣赏到窗外的景致。窗有诗情画意的浪漫，杜甫"窗含西岭千秋雪，门泊东吴万里船"的诗句流传千古。窗又是亲情与友情的象征，古代称同学为"同窗"、"窗友"；现代称直接服务于人的行业为"窗口行业"。把眼睛比作"心灵的窗户", 推而论之, 窗或可称为"建筑的眼睛", 其意义不言而喻。

中国传统建筑的窗, 历经数千年的发展, 最终演化成丰富多彩的样式。窗的类型可从造型样式、材料工艺、开启方式、建筑属性等方面予以区分。一般建筑上的窗形状较少变化, 多为矩形或方形。园林建筑的窗型最丰富, 江南园林的镂窗常见方形、圆形、海棠、汉瓶等。北方园林的什锦窗, 以外形的序列变化取胜, 有菱形、圆、六角、梅花、海棠、桃、葫芦等样式。从窗棂样式区分, 有直棂式、菱花式、棂条式等类型。从材料划分, 有木窗、砖窗、琉璃窗、石窗、金属窗等类型, 木窗最为常见。按开启方式分, 有固定窗、平开窗、支撑窗、推拉窗等。从建筑属性分, 有宫廷窗、寺庙窗、住宅窗、园林窗等。窗的装饰结构是由窗框、窗扇、窗套、窗罩、饰叶等。木门、木窗在传统建筑构造中较为常见, 写生时要把握好各种木材的质感, 大的体面转折关系与明暗关系, 刻画时要与大的主体建筑形成统一、协调、整体的关系, 见图4-25、图4-26。

图 4-25 水乡乌镇 14

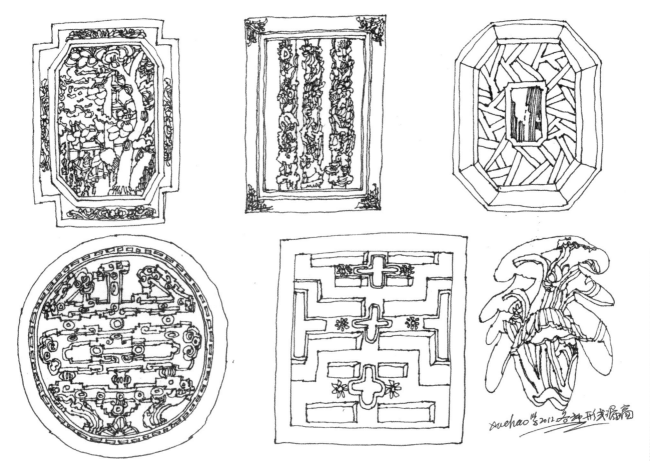

图 4-26 各种形式镂窗

二、墙面的表现

　　墙壁的使用范围很广，大到沿国界而筑的边墙，围绕城市的城墙以及周环于宫殿、坛庙的宫墙，小至甲第、民居的宅墙等。就单栋建筑所使用的性质和部位，可分为檐墙、山墙、槛墙、八字墙、屏风墙、照壁、隔断墙等。若依常用的建筑材料，则有土墙、砖墙、石墙、木墙、石灰墙、水泥墙等。土墙常见的有夯土墙、土墙等。土墙在我国的南、北方乡村老建筑中曾大量使用，土墙的色泽偏黄，经岁月的沉淀显陈旧、斑驳，描绘时要注意质感的表现与用笔的方向，便于表现土墙的疏松感。砖墙色泽也是不尽相同，描绘时要注意砖块的铺设规律及透视关系。石墙要仔细推敲石块的大小、厚薄、方圆、疏密、叠压、虚实等规律，以增加画面的形式美感。木墙是井干式结构形成的，在我国南方的木架构建筑中，也常使用木板外墙或内墙。一般是上半部是木质结构，下半部是白灰涂抹的墙体。构造本身带有江南轻盈、隽秀的神韵。描绘时要注意木板排列的整体趋势，宽窄、疏密、虚实变化，用笔要肯定、大方，增加画面的情趣感。白色石灰墙在南、北方也是常用建筑材料，特别是南方的白墙、黑瓦，形成了鲜明的明度对比，常常是艺术家久绘不厌的艺术题材。白色的灰墙经风吹雨打，使墙面形成斑斑驳驳，深浅不一的纹理变化，描绘时要注意用笔的力度、方向，图形的大小，点、线、面结合的疏密等变化。使画面的形式美感，人文感受更加浓烈，见图4-27、图4-28。

图 4-27 北方民居

线条最基本的功能是限定图形的轮廓，轮廓线使图形的凝聚性更加巩固和显现。同时，线条也能分割和解析图形的各个部分以表现其结构的面、体和质地。线条只是一种表达方式，无论使用何种方法，都离不开对画面整体性的把握。物象世界，错综复杂，只有学会取舍、概括和提炼，才能更好地驾驭这一表现语言，才能使"自然"升华为艺术。

图 4-28　水乡乌镇 15

粗线、细线与块面的结合使画面丰富而有厚度，这种丰富和厚度也是一种文化底蕴的体现，不同的地域、气候与时代赋予了建筑物不同的生命，这幅画无论是长廊还是民居木构墙壁，都使人感到建筑物及画面背后所透出的那种朴拙的生命力，和江南水乡那特有的淡雅、清幽的意韵。

三、屋顶的表现

屋顶种类主要有：庑殿、歇山、悬山、硬山、攒尖、单坡、平顶。在这里主要介绍传统建筑中屋顶的瓦片，它在建筑场景硬笔手绘中是一个亮点，也是一个描绘的难点。在南方水乡大面积纵横交错的屋顶瓦片需要耐心细致的描绘。瓦片的种类比较多，有小瓦又叫蝴蝶瓦，是应用最广的屋面覆材，它虽然只有一种形式，但可用于底瓦、盖瓦、屋脊或构成装饰，以生产简易，重量轻与灵活性为突出特点。屋脊在北方最常见的是清水脊，它的端部以一定的斜度起翘，也叫鼻子，下面有雕花的鼻盘、扒头、圭脚等。南方屋脊的形式较多，如甘蔗脊、纹头脊、哺鸡脊、雌毛脊等。在卷棚屋顶中，顶部使用特制的折腰瓦和罗锅盖瓦，南方称黄瓜环瓦。另一种是筒板瓦，按质地分为陶质和琉璃两种，多用于宫殿、官署、庙宇等建筑。描绘各种屋顶瓦片时，要注意瓦片的大小、透视、虚实、走向等变化，要从画面的整体考虑，局部动手。一般不宜画得太满，要适当空缺，形成一定的疏密关系，也不要画得太平均，容易呆板，用线力求变化灵活。使大面积的黑瓦与白色的墙壁形成南方水乡鲜明的特色对比，见图4-29～图4-31。

图4-29　皇家建筑局部

图 4-30 水乡乌镇 16

此画面充满了浓郁的水乡建筑而特有的风格情调，赏心悦目，作者选取了河道旁的一户人家着重刻画，将建筑的主要特征风貌经过主观理解后，以线面结合的形式描绘出来。主体安排在画面右侧，因河道的分割形成了均衡式的对角线构图，小船悠悠，在橹桨欸乃声中看水乡景色在眼前徐徐展开。

图 4-31　南方民居 1

这幅作品具有强烈的生活气息和典型的南方建筑风格。写生时并不照搬客观物象，而是大胆的概括、取舍、提取物象最具特色地形态和特征，使作品艺术表现得到升华。以密集的线条组成块面刻画屋顶，对留白处精心考虑，加强了画面的节奏韵律感。采用俯视取景，斜线构图，增加了画面动感。刻画民居群的屋顶瓦块富有变化又统一在整体的建筑结构之中，突出了建筑高低错落的趋势，巧妙地对马头墙进行刻画，与屋顶描绘融为一体，给人以统一、整体的感觉。

第四节　自然物象的局部表现

一、山石的表现

　　山石也是园林、建筑、景观等设计的重要表现内容。不同地域的山形态各不相同，北方的山势气势恢宏，雄伟壮丽，非常险峻。南方的山势灵秀多变，山石陡峭，棱角分明，坚实挺拔。石头的种类也非常多，南北方各有特色，常见的有泰山石、花岗岩、太湖石、钟乳石等。主要用于单位装饰大门、做假山造景，还有城市的湖边、河边、景观带、马路旁、开阔绿荫地等，增加和点缀了景色的形式美感。描绘时要抓住各种石头的特点，用不同粗细的线条和灵活多变的笔法去表现。可以借鉴中国画画山水的技法，按照石头的聚集分为聚一、聚二、聚三、聚四、聚五等；按表现笔法分小斧劈皴、大斧劈皴、马牙皴、解索皴等方法，能够充分表现山石的结构与质感。写生时可以先用硬笔类工具描绘石头的外形，再逐步深入刻画，塑造时要根据石头的外形、材质，用点线或线面结合的方法，要中锋用笔线条富有变化，秀润、灵通。在画面的处理上，往往是景物不多而意态悠远，疏淡萧寂的境界生动地展现在我们面前。也可以用黑、白、灰的明度关系进行表现，增加画面的凝重性。这几种画法各有千秋，但每一种表现形式都会使作品的形式感更美，生动性更强。我们知道，任何绘画都是通过一定的形式表现出来的，是作者的主观意图与客观物象相结合之后而产生的，是辩证的统一。无论是线条、明暗还是色彩等，都是为了表现作者思想的一种手段而不是目的。因此，我们要研究自然物象的规律，掌握艺术表现的规律，正确反映物象的本质与典型，以达到画出"形神兼备"的手绘艺术作品来，见图4-32～图4-35。

图 4-32 苏州园林 2

苏州园林讲究亭台轩榭的布局；假山池沼的配合；花草树木的映衬；近景远景
的层次。特别是石头的安排，高低屈曲，任其自然，宛如天成。这幅作品描绘
的假山采用点、线、面结合的手法，以涩线为主画出山石的不同转折面，表现
山石结构的褶皱、叠积、断裂及其质地与形象。山石之间穿插花草树木，形成
疏密有致的对比关系。近景的石桥以斜线分割的形式，增加了画面动势与空间
深度。

图 4-33 蒙山大洼 4

下午四点左右，太阳西下，巨石懒洋洋地趴在山坡上，或卧、或立姿态不一；裸露的鹅卵石布满河床；远处的山川层层叠叠，郁郁葱葱。作者是在轻松、惬意的心态下，完成了作品的描绘，使自己积极、主动地在真山实水间获得一种自然的灵感与情趣，使思想达到"望秋云，神飞扬，临春风，思浩荡"的艺术感受。

图 4-34 蒙山大洼 5

蒙山三月乍暖还寒，树木还是一片萧条景象，但我们用抒情的长线描绘树木枝条穿插掩映的关系，通过树与树之间的组织变化来表现树林静谧的气氛。山石的聚散、遮挡、大小、疏密增加了画面的空间感。树木的倾斜，山坡的斜度加强了作品的构图动势，形成力动的对抗关系。

图 4-35　蒙山大洼 6

这幅作品描绘的是三月的杏树与山石的构成关系，画面虽然以树为主体，外拓的造型使力的方向向画外扩展，但是山石的前后、大小、遮挡、聚散、疏密等组织关系，使下泻的山坡，与生长的树木形成拉扯的对抗关系，形成上动下静收放相应的局面。

二、大地的表现

大地厚德载物，涵盖了所有的自然物象形态及人工形态，如山川、河流、树木、平原、城市、乡村等诸多。建筑场景硬笔手绘囊括了自然景物和人工景物，都是以地面为依托。画家在自然中，体验、领悟到了天然情趣，经过心灵深处的过滤、处理，作品是通过一定的艺术表现形式而产生出来。大地表现不是自然主义的被动摹写，而是积极、主动地在真山实水间获得一种知识、灵感、情趣，使作品达到"望秋云，神飞扬，临春风，思浩荡"的艺术境界。所以，自然是画家取之不尽用之不竭的创作源泉。一座山近看是一种形状，远看又是另外一种景色，换一个角度看，又得到一种构图。春夏秋冬，季节不同，山的面貌也有变化；阴天，晴日中的山貌形象也各不同。这说明了，一座山在时间、季节、天气不同的情况下，所呈现的面貌和精神，有着千差万别。写生过程中，既要注意大地山川的整体气势，又要注意山石形体结构的具体研究。需要转换几个角度看，发现别处的景色适合构图需要，可以用移景手法，完善画面构图。这种移花接木的写生方法，是写生中特有的手法。石涛讲"搜尽奇峰打草稿"就是饱览遥看，寻找最能反应大地山川特点的景物作为创作素材。在写生时，在一定程度上还是以自然物象为蓝本，进行取舍，根据自己的感受、意图来布置画面，使繁茂复杂的自然景物具有条理化，特点更突出。切忌不能孤立地刻画每一自然要素，要有主次、疏密、虚实等关系变化，要考虑画面的黑、白、灰关系，使画面的层次感、深远感、意境感更加明确，见图4-36～图4-38。

图 4-36 南方景色

金秋十月，江南大地稻浪翻滚，丰收在望。为了表现场面的宏大感，画面运用点多线少、近虚远实的表现形式，繁密处运用大小、疏密不一的点来表现，与外虚的空白形成对比，凸显了画面的节奏韵律感，打破了近实远虚的艺术规律，使画面更加生动感人。

图 4-37　蒙山大洼 7

这幅作品是以点成线的构成形式，点绘表达画面变化，一般是由浅入深；技巧熟练也可由深入浅。点绘需要一定的时间和精力，急于求成反欲速不达。一旦出现失误，补救所费的时间往往要多于遵循程序所用的时间。取景角度为俯视，增加了画面的宏大感。描绘工具是油性记号笔粗、细两种。

图 4-38 *蒙山大洼 8*

对景写生一根线条说明不了什么个性。如果用同样的线组合成的造型，即从量变发展到质变，每根线条的内涵性格通过集聚才能得到充分地发挥。线条并非仅仅表现物象轮廓和体面，同时也表现画家赋予形体的活力。所以，线条可以加粗，可以重叠，可以断而再续，又可以似画未画。这一切充分说明线条不是记录的手段，而是一种艺术表现力。

三、天空与水景的表现

1. 天空的表现

天空与云是手绘景色中必不可少的因素，有了这些因素景色才开阔明朗。景色主要应表现出天空的辽阔和雄浑的气势，尽量画出天空向后圆的感觉，所以一般在接近地面处云一般不画或淡一些。天空总体是非常明亮的，它的明度变化会影响整幅景色的色调。天空的明度不一定是概念化的，在逆光、清晨、中午、黄昏等不同天气的情况下，天空的明度也是有不同的变化，有时天空的明度还会低于地面的明度，这是由于阳光被云彩遮挡而产生的特殊情况，是一种非常壮观的气氛。如大雪骤停，天空还阴云密布，大地一片苍茫之色。

云彩能够表现出季节的阴晴变化和气候特征。画好云彩，能够大大增加景色的美感，云彩的形状和丰富的色彩变化构成了美丽多姿的景色。云彩是浮动的气团，有其流动的走势。云彩具有体积感，因此也有受光、背光和投影，与蓝天交界处对比分明，下部则转向纵深，愈来愈弱，这样的云团常出现在秋天的季节，不仅形状千姿百态，而且色彩也瑰丽丰富。云彩可薄可厚，可浓可淡，可立体也可平面化，给人以厚重、平淡、轻盈、飘逸等各种不同的感觉。不过云彩在手绘景色中仍然是一种点缀，除了以表现云彩为主的景色外，一般不做重点表现，而只把其飘忽不定的感觉画到即可。天空的大小决定了画面的上下取景内容，以地面建筑或其他物象为主的表现可以缩小天空的面积，描绘时可以不画云彩，采用留白的形式，这样与地面建筑等物象的深入刻画形成醒目的对比，突出了主题的表现。以天空景物为主的表现可以缩小地面上物象的面积，描绘时减弱地面物象刻画，给天空更大的塑造空间，这样可以细致地刻画天空的云彩，注意局部留白，与地面物象形成主次对比，增加了画面的空间距离感。为了更好地表现空间，还可将天空、云彩甚至远景同时表现，形成浑然一体，一气呵成的气氛，见图4-39、图4-40。

图 4-39　青岛建筑 3

这幅作品是描绘青岛的建筑景色，传达出一种凝重高远的美感，以浓黑的块面
笔触来表现建筑，用淡雅、轻松的笔调去表现天空白云朵朵，通过对比加重了
建筑物的凝重感，技法与表现语言的运用，使人感到建筑物虽不多，但场面颇
为宏大的视觉感受。

图 4-40　渔港码头 1

以仰视取景描绘渔港的景色，通过建筑、桅杆、渔船的走势关系，作品是典型的一点透视，增强了画面的纵深感。近景的渔船运用粗细不一劲道的线条加以刻画，高远的天空用点多成线来绘制朵朵白云，使平静的画面变得意境深远。

2. 水景的表现

水景是建筑、园林、景观设计、绘画艺术的重要表现因素之一。水也是自然的一面镜子，水是透明无色的，有充足的反光性能，但要看其深度、含沙量与藻类的多少而定，水位越深，水面就呈现了一定的暗色调。水面具有极强的透明性和反射能力，所以水的色彩或明度主要取决于天光色的成分，水随着天空颜色的变化而变化。手绘表现时宜透明不宜浑浊，黑、白、灰色块要干净漂亮。蓝天下的湖水等显得格外幽深，色彩是深深的蓝色，明度是深的；受黄昏或清晨时分霞光的影响，整个水面则是一片金黄色，明度是较亮的。画水面可以横向排线用笔，用来表现湖水等如镜的感觉。小溪、河流、沼泽可以说是景色的眼睛，是非常神秘的地方。水面对周围环境的反映也相当敏感，这就是水中倒影部分。倒影主要反映岸边的景物，如果是平静清澈的水面，其倒影会很清晰，能够增添画面的诗情画意；如是微波荡漾的水面，倒影就有些模糊，在倒影与水平面交接处有支离破碎的小波纹，如鱼鳞一般闪烁。表现倒影一般用排线，当然也可用竖线，效果各有千秋。倒影的色彩应比实景灰，明度随景物的变化而变化，倒影边缘处的深浅变化不一，动水偏虚、较灰；静水偏实、较重。水景的处理手法要做好画面留白的处理，这样使画面对比强烈效果明显。江河大川的水面宽阔而湍急，倒影景象很不明确或根本看不到，这时应主要画出水面的流向与气势，笔法要灵活画出水面的明度变化就可。大海的波浪是因海水流向与回水的撞击形成的白色浪花，要用适度的笔法或点来表现水的波动。总之，水景的处理在写生时要多观察、多分析、多推敲，与整个画面的表现手法相协调，使画面整体而统一，见图4-41～图4-43。

图 4-41 水乡乌镇 17

因地理位置的不同，环境气候的差异，使得各地的水景风貌各有特点。南方水景
有明丽、秀润、玲珑别致的特点。因而我们在写生时，要准确、细腻的把握，把
水乡景色的神采与韵味完全无遗地表现出来。此幅作品采用线面结合的形式，用
水平式排线刻画了建筑等的水中倒影，水面波澜不惊，层次分明，似一条玉带自
下而上消失在石桥的远方，使画面产生恬淡、宁静的意境。

图 4-42 渔船 4

速写主要是收集素材，锻炼造型能力。速写作品体现在对生活生动性的捕捉，直接自然，对构图的把握对境界的追求等要素。这张作品运笔洒脱，圆厚的线形富有张力，朴拙地造型彰显渔船风吹日晒的斑驳感。阵阵海风吹来，渔船随着轻微的波浪左右摇动，水中的倒影也随着渔船的晃动，不断地变化着婀娜的身姿。作品表现工具是油性记号笔，用粗线与细线结合表现而成。

图 4-43　渔船 5

傍晚时分，渔船载着收获，满怀喜悦地归来，白色的浪花像顽皮的孩子在沙滩上爬上爬下，渔家姑娘在快乐中忙碌着。此作品巧妙地运用远视距取景，近距离刻画的透视特点，构成近大远小的船体，层层向画面上方推去。运用娴熟的线条对船体加以表现，近景的人物以概括的手法加以处理，使整个画面充满轻松、愉快、生动的氛围。

第五章

建筑场景 硬笔手绘在专业中的应用

本章内容

- □ 硬笔手绘与专业设计的创意构思
- □ 硬笔手绘在专业设计中的表现艺术范例
- □ 硬笔手绘与绘画艺术的创作表现关系

对于设计者和绘画者而言，建筑场景硬笔手绘的练习，不仅是为了提高手绘表现能力，收集设计和绘画素材，更重要的是能够通过大量的建筑和场景手绘练习，提高自己的艺术观察力和建筑设计的创造审美能力。能够熟练掌握徒手造型能力和手绘表现语言的运用能力，为在艺术设计和绘画艺术的运用奠定坚实的基础。

第一节 硬笔手绘与专业设计的创意构思

设计师在构思建筑设计方案的时候，通常对方案设计是处于比较模糊的阶段，设计师要经过联想、借鉴、想像、比较、推敲的构思设想，将主观思维通过符号、线条、图形用手绘的形式表现在稿纸上。在具体设计环节中，草图构思是第一步，是设计师由逻辑思维转向形象思维，由概念转换成形态的重要阶段，是对建筑物等大体形态的表现。它能将设计师头脑中的构思记录为可见的有形图样。草图不仅可以使人观察到具体设想，而且表达方法简便、迅速、易于修改和保管。草图阶段以造型、结构为主，尤其在设计初期，不要求很深入。设计师根据设计定位确定的各方面元素，独立或者集体构思确定好创意方案后，绘制出草图，确定布局、结构、空间尺度、比例、形状等。设计草图创意是设计者将构思由抽象变为具象的一个十分重要的创造性过程，它实现了抽象思考到图解思考的转换。设计草图不同于手绘中的速写，因为它不仅只是单纯的记录和艺术表达，而且也是设计者对其设计对象进行分析、推敲和理解的过程。一般在较短的时间内快速完成，画草图之所以要快，主要是要求设计人员高度集中注意力，思维敏捷，思路清晰。虽然构思手绘的草图相对简单，但也是作者设计理念与思想感情的真实表现，它也是画家艺术创作情感的真情写照。一个优秀的设计者和绘画者，首先要深入生活，从生活中的点点滴滴，方方面面汲取灵感，以人为本做人性化的设计，以担当社会责任感表现艺术，才能得到人们的认同和社会的承认，见图5-1、图5-2。

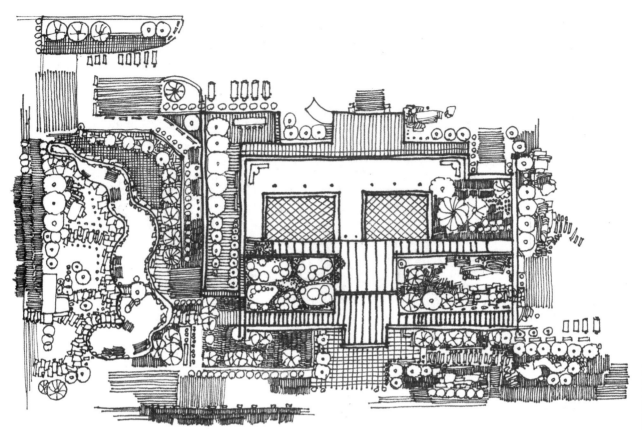

图 5-1 园林规划

图 5-2 建筑草图 1

第二节 硬笔手绘在专业设计中的表现艺术范例

　　表现手绘是建筑设计师将设计理念传达给观者的一种形象语言，是深化设计构思后，通过平面布置图、立面图、三维透视图等形式将设计构思转换为直观、清晰、明确、完整的设计方案。设计师根据各种图纸考虑细节设计和结构方面的细节。从设计的系统性原理和综合性原理的角度完善设计草图，形成鲜明的具象。主要涉及构成建筑的基本要素设计：功能、形态、结构、色彩、材料等。

　　设计方案的细化要根据设计的不同阶段进行不同内容的细化。在设计创意构思阶段，方案细化主要是解决建筑的功能问题，要将明确的功能赋予建筑，而形态则必须根据功能来考虑和修正。在整体设计方案构思时，主要是建筑材料与形态的应用。手绘艺术表现能快速和真实地表达出设计构思，是设计师必备的设计语言。绘制表现图要求设计师不仅对建筑形态、色彩、透视以及绘画等多方面的经验，也要求设计师具备很高的审美能力和对周围世界敏锐的洞察力。手绘表现图方便、快捷、需要设计师要有很强的空间思维能力和图解表达能力。古今中外的建筑大师大都能够通过手绘表现的形式，将自己的设计意图完整的表达出来，赋予建筑手绘表现以全新的设计理念。但这个手绘表现的整体是不能仅凭借一幅优秀完整的构思手绘就能完成的。与其说表现手绘是构思手绘的深化，不如说构思手绘是设计最终的体现。所以在完成建筑主体的构思前提下，要根据需要进一步修正，补充、完善，使设计主题更加丰富，更加生动完整，见图5-3～图5-5。

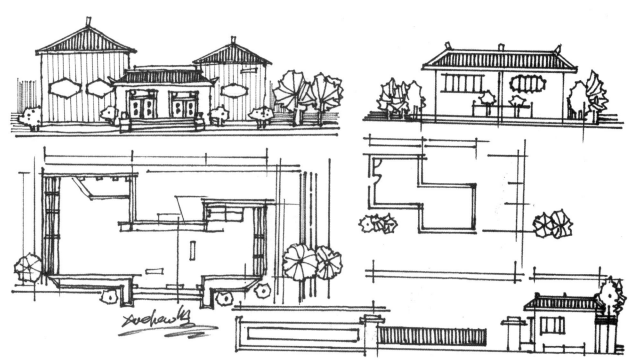

图 5-3　建筑草图 2

图 5-4　建筑草图 3

图 5-5 建筑草图 4

第三节　硬笔手绘与绘画艺术的创作表现关系

任何绘画艺术本质上讲都是一种创造性的活动，硬笔手绘也是如此。只不过作为基础训练的手绘较多的研究和学习一些客观性、规律性的物象，其创造性的成分比起成熟的艺术创作要少一些。因而硬笔手绘在传统意义上主要是作为一种习作，是积累艺术素材，是为正规的创作打基础、做准备的，这样就产生了创作和习作之分。

所谓创作，广义地讲是所有具有创造性的艺术活动及其产品。这其中占有较大分量的是那些主体性、表现性或观念性的作品。如著名的《最后的晚餐》（达·芬奇作），《梅杜莎之筏》（籍里柯作）等很多画家的作品，这些作品形式完整而独特，精神涵量大，是作者思想情感和天才灵魂的完美体现。同时，创作也应当包括完成质量高的风景、静物等作品，像莫奈不同时段的《科隆大教堂》，当代我国已故著名油画家陈逸飞先生的《周庄双桥》系列作品，梵高的《向日葵》等等，因为这些作品不是现实对象的简单翻版，而是融进了作者个人独特的感受，并能体现出某种创造性的思维方式和表现方式精神造物。不过对于手绘训练而言，创作是与习作相对的概念。这就要涉及对习作这个概念的认识。

一般把基础训练和创作探索过程中所作的不够完善的作品称为习作，以区别于成熟完整的创作作品。依不同目的，习作又分为练习性的、素材性的、草稿性的和实验性的四类。当然，建筑场景手绘也是作品，而不是现实物像的复制品，任何艺术作品都有一定的创造性，手绘写生时要尊重物象，同时也要有意识地寻找和把握自己特殊的感受和独特的语言，以便于从习作阶段向成熟的创作阶段过渡。另外的几种习作都是直接为创作服务的。素材性习作是为创作搜集形象素材而作的写生；草图性习作是为创作所作的构图框架；实验性习作则是为探索新的创作手法和样式而作的作品。在进行主题性、情节性创作和一些较复杂的创作时，一般都要经过"习作"到"创作"的过程，需要搜集素材，构思很多草图，找到灵感或找到表达灵感的最佳形式以后再制作创作正稿。

美术创作首先是一种高层次的精神创造，同时又是通过可视的具体形式将其传达出来。要求画家要有较高的审美趣味和较强的想像力，这是画家的基本修养；另一方面又要把握一定的传达手段和技能，也是画家应有的基本功。这两个方面都达到相当高的程度时，才有可能创作出较好的作品，而要想达到这一步，必须要进行长期的基础训练和艰苦的创作探索，并要注意对艺术创作的经验、理论和规律的学习研究。这种训练和学习一方面要以大量的写生习作作为铺垫，以培养基本的造型能力和意识，但从写生到写生是完全不够的，有了一定的造型能力以后，应当经常进行不完全依赖写生的创作练习，要学习在生活中发现美的事物，或以现实美为参照，重新创造一种美的形式。我们进行建筑场景硬笔手绘的最终目的就是要搞好艺术设计和艺术创作。我们的手绘训练表面上看与美术创作关系不大，但事实上手绘训练的每个环节都是为最高层次的艺术创作打基础。著名美国心理学家马斯洛在论述人的创造力时说："伟大的作品不仅需要思想的闪光、灵感、高峰体验，而且也要求艰苦的劳动，长期的训练，不客气的批评，以及完美的规范。"可以说，没有相当的造型基础训练和对艺术较全面的认识，要想创作出"伟大的艺术作品"是难以想像的。可见硬笔建筑场景手绘的重要性是不言而喻的。

十几年来，我画了大量的建筑场景的手绘速写，尝试了多种表现工具，美工笔、钢笔等，最喜欢用的是黑色油性记号笔，有粗、细二种。因为它渗透纸背的特性使我爱不释手。我是学油画专业的，但对中国绘画又情有独钟，中国画讲究用笔、用线，特别是中国画线的作用远远超出了造型本身，成为作者感情表露的媒介。具有传情表意、抒发性情的主观抒情功能。画家可以在凭借线表达物象的形态、结构、精神的同时，也表达作者的情感与意念，使线具有了个性化的特征。线的性格化可以使线完全脱离客观物象的外部特征，而在画家主观意念的支配下与物象的内在神态合二为一，使性格化的线变成客观物象的艺术特征。中国画讲究用笔墨对物象进行多种形式表现，山水、石头、树木、建筑等各种物象，各种皱法用笔，使我颇有收获。还有中国画论，北宋画家郭熙的山水画构图三远法，高远、深远、平远；唐朝画家张　的"外师造化，中得心源"；清代画家石涛的"搜尽奇峰打草稿"；郑板桥老先生的画竹心得，眼中之竹、心中之竹、手中之竹等等。对我的绘画情感有很大的启发，使我获益匪浅。

从手绘艺术的角度出发，不论是细致描绘，还是表现性概括描绘都是个人情感的真实写照。但对于初学者，特别是学建筑设计、建筑装饰设计、园林景观设计专业的，主张还是画一些比较细致、写实的手绘作品，这样有利于对建筑结构的理解，等到具备了细致描绘的能力后再作概括、写意性的描绘表现，才会使得根基更加扎实，有利于下一步的专业学习。中国画论："外师造化，中的心源"是说经过写生，而心有所感，所得，然后创作出作品来。而当我们面对五彩斑斓的自然，多彩的生活场景，我们深深感悟到景色之优美，天地之宽广，景色无我而在，意境有我而美的怡人感受，见图5-6～图5-9。

图 5-6　渔港码头 2

事物有两极，无论自然与社会生活皆存在对比的景象。一多一少，一明一暗是自然物象的基本对比。对比的层次还可分为对比和烘托。对比和烘托的手法可用于主体形象也可用于局部处理。这幅作品就是利用多少、明暗、主次等关系，形成对比与烘托，而渔船"量"的增加正是烘托的手法。

图 5-7　渔港码头 3

写生可作为记录的工具，但也是一种艺术表现形式，二者结合见仁见智。此幅作品更多注重艺术形式的表现，追求作画的体验，追求写生内容与形式的和谐，探讨虚实、疏密、均衡之间的美感。给人轻松愉悦的感受。

图 5-8　北方乡村建筑

画风纯朴，注重心理感受，将景色的现场气氛和感受通过写生的构图、主次、
疏密等造型因素轻松、流畅的表现出来。使表现形式与乡村景色相辅相成，融
为一体。

图 5-9 水乡乌镇 18

平视，是日常最熟悉的现象。自古绘画常用平视，称之为正面构图，图形和图画的轴心相一致，即形体和画边皆是横平竖直的角度。此幅作品采取平视取景，疏密有致的线条分割出大小、宽窄不等的墙面、窗户等，线条轻松又不失造型严谨，对前后房檐的结构、透视的表现有主有次，高低错落。画面中对人物、小船、树木等环境的描写恰到好处，是恬淡、平静的水乡乌镇充满着生生不息的活力。

第六章 作品案例鉴赏

本章内容

- ☐ 国外建筑
- ☐ 国内建筑
- ☐ 渔港码头
- ☐ 工矿企业
- ☐ 自然风光

第一节　国外建筑

　　现代城市建筑大多是后现代主义设计风格，高层建筑居多，几何型体构成，以实用为主。同时在现代建筑的群体中也伫立着一些古老建筑，历经岁月沉淀也是韵味十足，这些建筑代表了当时的社会文化，值得我们借鉴、描绘、学习。

　　相对建筑设计专业、建筑装饰专业来说，学习描绘国外古老建筑是一个必不可少的环节，特别是欧洲传统的古老建筑。要想画好欧洲古老建筑，首先要对它的结构形式、外形特色及当时的社会政治环境有所了解，这样有利于我们对它进行细致的描绘。欧洲古老建筑风格构造严谨，巍峨挺拔、装饰华丽，色彩绚丽，主要风格有古罗马建筑、哥特式建筑、罗曼建筑、拜占庭式建筑、巴洛克建筑等，体现了当时宗教至高无上的社会政治制度。手绘前要对每种建筑风格有个基本了解。如古罗马建筑风格，它的建筑风格很高，特点是雄浑凝重，构造和谐统一，形式多样。罗马人开拓了建筑新领域，丰富了建筑手法，如创立了拱券覆盖下的内部空间；发展了古希腊柱式的构成形式，创造出柱式同拱券的组合，如券柱式和连续券，既作结构，又作装饰，出现了由各种弧线组成的平面。哥特式建筑是十一世纪出现在法国，主要见于天主教堂，哥特式教堂的结构体系是有石头的骨架券和飞扶壁组成，其基本单元是在一个正方形或矩形平面四角的柱子上做双圆心骨架尖券，四边和对角线上各一道，屋面石板架在券上，形成拱顶等。只有了解掌握了这些建筑的基本构造特点，在描绘时才能做到心中有数，达到手绘训练的目的。

　　在描绘城市街道老建筑时，由于不同性质形状的建筑物造型各异，使街道建筑物立面变化繁琐，增加描绘难度的同时也丰富了画面的形式感。因此表现时一定要有选择地进行取舍，把握有特点，风格鲜明，历史脉络明显，构造形式美观的建筑进行描绘。用线对城市街道的表现时，要做到线条流畅，刚柔相济、疏密得当，把握线条提按、顿挫的节奏感与韵律感。切忌用线浮漂，机械地画一些建筑物的轮廓，失去了用情感驾驭线条的基本感受。对于车辆、人物、树木等配景的把握，要有主次的进行选择描绘，与建筑主体形成对比，同时也增加了城市的生活氛围。

　　总之，因古老欧式建筑还有城市老街道构造复杂，纵横交错，在描绘时要时刻把握透视，比例、遮挡、前后等关系，做到心中有数，如果有一处的比例或透视等出现问题，则会影响画面的整体统一效果，乃至前功尽弃。所以要时刻保持清醒的头脑，用饱满的热情使作品一气呵成，见图6-1～图6-12。

图6-1　欧洲建筑4

图 6-2　欧洲老街

欧洲老建筑是手绘较难表现的课题。就造型而言，运用长线条准确、流畅地画出老建筑的形态特征和透视变化，并非易事。一根长线条画错，会造成"满盘皆输"。此作品的取景是一点透视中有两点透视，画面右边是一点透视，左边是两点透视，原因是十字路口的建筑走向决定的。近景地面是大面积的空白，中景建筑是刻画的重点，线条的繁密与近景、远景形成繁简对比，加之仰视取景的透视效果，使画面动感趋势较为强烈，老建筑构成的画面传递出快节奏的当代信息。

图 6-3　意大利米兰大教堂

这是一幅欧式风格的建筑速写，建筑物雄伟、挺拔，装饰华丽。线条运行速度相对较快，一气呵成，较好的运用取舍的表现手法，使画面取建筑顶部之构造，舍建筑下部之特征。要求作者造型能力要强，方能驾驭画面。

图 6-4 法国巴黎老街 1

前面已经讲过："用线对城市街道的表现时，要做到线条流畅，刚柔相济、疏密得当，把握线条提按、顿挫的节奏感与韵律感。这幅作品是运用钢笔描绘的，用线肯定大方，线条生动有力，画面完整。

图 6-5 法国巴黎老街 2

此幅手绘采用是均衡式构图，描绘的是巴黎老街景色，古色古香的老建筑，人流、车辆较多，热闹非凡。手绘时要考虑诸多因素，进行合理的取舍，中景的塔楼林立，变化较多，要做到繁而不乱，用线合理地处理画面的疏密关系，增强画面的节奏感、韵律感。手绘时时刻把握场景的透视规律，否则影响画面整体效果。

图 6-6　欧洲建筑 5

作者善于用线描绘客观物象，观察线条的曲直、长短、造型体味其用笔的速度、力量无不充满着真挚情感的表达。画面线条的疏密，景物之间的穿插安排，前后层次的处理，都处在整体的把握之中。画面中各种造型优美的树木与建筑融在一起，使建筑主体更加壮美。作品使用工具是普通钢笔，易于画出精炼的线条。

图 6-7　欧洲建筑 6

这幅作品采用的是水平式构图，主体建筑安排在画面的中景，高低错落的建筑构造，突出了欧洲建筑的庄重感与美感，同时也是一种文化风格的体现，因时代不同也赋予了建筑物的不同使命。为了丰富画面建筑的形式感，采用了借景的手法，使建筑的风格统一在整体之中。

图 6-8　欧洲建筑 7

此幅作品运用线条娴熟地表现出建筑物的形体结构，近高远低的透视变化和特征，构图取景前
后层次清晰，建筑主体突出。手绘工具是钢笔，画面多运用直线组合，组成块面的纹理变化，
体现了作者敏锐的观察力，高超的绘画技巧以及钢笔手绘的丰富表现力。

图 6-9　俄罗斯建筑

俄罗斯宗教建筑形式的主要目的，是一切以神为依归，塑造庄重、典雅、伟大、高尚的气氛，
让信徒心生崇敬之感。而构造是以独立的塔形结构与堆砌成团的，战盔形剖面装饰则是时代背
景的产物。此作品利用较远视距取景，建筑的透视变线减弱，构成近大远小的感受。树木取其
外形，概括简约。树木外形勾勒的曲线与建筑的直线对比自然活跃，画面下点缀的人物、汽车
与建筑相呼应，更显生动，是一幅充满着宗教色彩与旅游气息的民族特色的风景画。

图 6-10　巴黎街景

图 6-11　欧洲街景

图 6-12 巴塞罗那大教堂

视位低而仰角的视线叫仰视。仰视适于表现崇高庄严的形象，如大教堂，碑座
上的名人塑像，七宝莲花台上的佛陀，令人瞻仰起敬。此幅作品就是采用仰视
的角度，表现了巴塞罗那大教堂的神圣、崇高感。建筑结构描绘以曲线为主，
直线为辅的表现形式。

第二节　国内建筑

国内现代建筑基本上是后现代主义建筑，几何体外形设计较多并实用，所以作者对现代城市建筑描绘不多，主要画了几个城市的著名老建筑，系过去西方人在中国所建。描绘特点与国外建筑鉴赏作品有相似之处。

一、城市建筑（见图6-13～图6-20）

图 6-13　济南红楼大教堂 1

济南红楼大教堂是典型的哥特式建筑，体量宏大，气势宏伟，平面为拉丁十字形，细部处理精致，是华北最大天主教堂。此幅作品是水平式构图，布局有前、中、远三景，刻画主要是处在中景的教堂，线条细致到位，疏密得当，为增加画面的动感，天空画有几只飞翔的鸽子，是一幅构图平稳的作品。手绘工具为钢笔。

图 6-14 青岛建筑 4

原为德国总督府，系德式建筑。此幅作品取景角度为俯视，构图饱满，内容充实。写生时要考虑周围环境关系，主要对建筑的外观构造形式进行细致刻画，对前景的树木有所归纳和取舍，增加了物象不同质感的对比关系，线条疏密有致，互相衬托以突出中景的建筑主题。

图 6-15　澳门妈祖庙

澳门妈祖庙有五百多年历史,是澳门三大禅院中最古老的一座。这幅作品描绘角度为仰视,突出了建筑的崇高感。以线条表现为主,依靠线条的疏密、转折,体现建筑的结构关系。在写生时概括处理了前景的花坛部分,舍去了右边的物象,衬托了左边台阶的密实感,形成了均衡式构图,使画面不多的物象生动而富有变化,整体而又和谐。

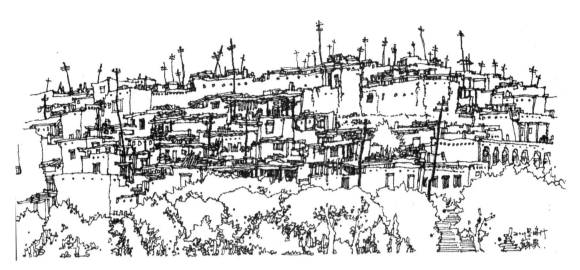

图 6-16　喀什建筑 2

平视画法表现深度空间，古代采取上远下次分层的办法，现代作品则平视、俯视混用以求表现更远的空间。这幅作品采用水平式构图，画面平稳、舒展，一字排开展示了喀什的建筑特色，为了突出建筑，近景的树木进行了删减，形成前后物象的疏密对比，增加了空间层次感。

图 6-17　济南红楼大教堂 2

水平式构图视线开阔，地形平坦，呈水平状。这种画面的构图在视觉上是横向拉伸，给人以平静、稳定、视野开阔的心理感受。近景的人物、树木以小衬大，凸显了教堂的宏伟壮丽感。手绘工具为油性记号笔。

图 6-18　上海街景

这幅上海建筑手绘，运用细线的表现手法，线条精炼到位，刻画出建筑物的形体结构、透视变化，构图取景前后层次清晰，主体突出。系一点透视为主的均衡式构图。手绘工具为钢笔。

图 6-19　青岛建筑 5

对景写生时，如果画家对建筑型体、透视有足够准确地把握，可以在线条和工具的变化上加以探讨。线条是借助于对客观物象的描写，寓兴于客观物象，表达画家的情感意念，线条就是情感的载体。线所展现的是画家的个性，是主观意念的支配下与物象的内在神态合二为一，使性格化的线变成物象的艺术特征。这幅作品是用粗型号油性记号笔描绘，用笔洒脱肯定，表现了建筑历经岁月的沧桑感。

图 6-20 青岛建筑 6

二、乡村建筑

1. 南方水乡建筑

南方水乡建筑以苏州周庄、浙江乌镇和坐落在皖南安徽等地的徽派民居为典型代表。苏州周庄素有"东方威尼斯"称号。苏州等地河湖交错，水网纵横，地势平坦，小桥流水，如诗如画，房屋多依水而建，门、台、阶、过道均设在水旁，民居自然被融入水、路、桥之中，多楼房砖瓦结构为主。青砖黑瓦，玲珑剔透的建筑风格，形成江南地区纤巧、细腻、温情的水乡民居文化。

乌镇也是典型江南水乡特征，完整地保存着原有晚清和民国时期水乡古镇的风貌和格局。碧水蜿蜒，以河成桥，街桥相连，依河筑屋，水镇一体，组织起水阁，橹声唉乃中看水阁画卷般在眼前徐徐展开，看水乡人在水阁中起居住行，听古镇人乡音呼唤此起彼伏，构成了独具江南韵味的建筑与人文因素，体现了中国古典民居"以和为美"的文化思想，以其自然环境和人文环境和谐相处的整体美，呈现出江南水乡古镇空间的独特魅力。

桥也是乌镇的一大特色，三十多座桥，真正是"百步一桥"，这些桥最早建于南宋大多始建或重建于明清，有的桥还有桥联，如通济桥，"寒树烟中，尺戊戌六朝旧地；夕阳帆外，是吴兴几点远山，通云门开数万家西环浙水；题桥人至三千里北望燕京"，具有浓厚的历史文化气息，给人以十分古老的感觉。

江南水乡古村落是人聚居生存的空间，是生命承载之地，住宅不仅使人们生活，生产舒适方便，更体现了人们精神生活的追求，"夫宅者，乃是阴阳之枢纽，人伦之规模，非夫博物明贤未能悟斯道也。"在传统理学思想"男尊女卑"，"三纲五常"，"男女有别"是古老时期村民奉行的准则，规范着住宅建设的规模、形制等。江南水乡民居在单体上以木构一、二层厅堂式的住宅为多，为便于通风隔热防潮防雨，适应江南气候特点，住宅布局多穿堂、天井、院落，构造为瓦顶、空斗墙、观音兜山或马头墙，形成高低起伏，错落有致，粉墙黛瓦，庭院深邃的建筑小品，使空间轮廓柔和而富有美感，组成一整套诗情画意的水乡居住环境。

徽派古建筑代表为西递、宏村、李坑等地，建筑以砖、木、石为原料，以木构架为主，梁架用料硕大，且注重装饰，通体显得恢宏、华丽、壮美。徽派建筑的特色主要体现在村落民居，祠堂庙宇、牌坊和园林等建筑实体中。其风格最为鲜明的是大量遗存的传统民居村落，从选址、设计、造型、结构、布局到装饰美化都集中反映了徽派的山地特征，风水意愿的地域美饰倾向。徽州村落的选址大多严格遵循中国传统风水规则进行，山水环抱，山明水秀，追求理想的人居环境和山水意境，被誉为"中国画里的乡村"，受传统风水"水为财源"观念的影响，寄命于商的徽州人尤其重视村落的"水"，建构了一些独具特色的水口园林。徽式宅第结体多为多进院落式集合形式，体现了徽州人"聚族而居"的特点。一般均坐北朝南，倚山面水，讲求风水价值。院落相套，造就出纵深自足性家庭的生活空间。民居外观整体性和美感很强，高墙封闭，马头翘角，墙线错落有致，黑瓦白墙，色泽典雅大方。装饰方面，青砖门罩，石雕漏窗，木雕楹柱与建筑物融为一体，使房屋精美如诗，堪为徽式宅第的一大特色。总之，徽派古建筑集徽州山川风景之灵气，融风俗文化之精华，风格独特，结构严谨，是集古雅、简洁、富丽于一体的独特艺术风格，为中外建筑界所重视和叹服。

徜徉在这些古老村落中，身临其境，有感而发，深刻感受到江南水乡民居的洒脱秀丽，富有诗的韵律和画的意境，是充满生态精神的瑰宝，可为我们今天开发生态建筑提供借鉴，更为艺术家手中的画笔备好了美轮美奂的艺术素材，见图6-21～图6-29。

图 6-21 水乡乌镇 19

视位高看近处居高临下用俯视，看远方仍是平视，一般风景画虽然视位高，目的不在表现看不清的远方，而在于由远而近的中间物象。俯视图有平稳感，物象愈远愈有时间、空间都静止的感觉。通过画面俯瞰此景极为宁静安然。

图 6-22 水乡乌镇 20

此幅作品是采用均衡式构图，表现形式介于写实与写意之间，粗线与细线疏密结合，张弛有度，描绘了水乡古镇的古朴、秀丽诗情画意的情调。画时要注意房屋的高低错落及建筑结构的形态特征，黑白色块的面积对比等，要时刻把握一点透视的规律，增加画面的空间感。手绘工具是油性记号笔粗、细两种型号。

图 6-23　水乡周庄 3

这幅作品的透视是一点透视，因河道走向增加了画面对角线的动感构图，采用线面结合的明暗表现形式，使画面的黑白色块对比强烈，具有版画的视觉效果。画中描绘的是水乡周庄的一沿河小景，粉墙黛瓦，小桥流水，泛舟水上的诗情画意，线条灵活多变，节奏感强。

图 6-24 徽派建筑

洪江位于湖南省怀化市，有着深厚的文化底蕴，商业发达。图中描绘的是街区
一景，建筑高墙封闭，马头翘角，黑瓦白墙，色泽典雅大方。装饰青砖门罩、
匾额高悬堪为徽派建筑一大特色。明暗对比的表现形式，具有版画的视觉效
果，画面对比强烈视觉冲击力强。系用黑、白、灰调子的艺术表现手法。

图 6-25　水乡乌镇 21

这幅作品视平线较低，构图是均衡式，沿河建筑从南到北一字排开，运用的是
线面结合形式，主要刻画的是近景小船与水中倒影，和中景的建筑，线面疏密
得当，有条不紊，表现了水乡古镇怡人的居住环境，体现了中国古典民居"以
和为美"的人文思想。表现工具是油性记号笔。

图 6-26　水乡乌镇 22

手绘写生告诉我们：艺术从内容到形式都有繁简，不同的作品需要的繁或简是
不能等同划一的，同一作品可能包含着繁与简，而同类作品的繁与简也是相对
而言的，因此，衡量是繁是简只有以具体作品的效果为考核标准。所以繁与简
是手绘写生的重要表现形式。

图 6-27 南方民居 2

登高望远，俯瞰江南民居，黑瓦堆叠，粉墙高筑，绿树掩映，好一派怡人景色。画面构图是以中斜向主线能起到引导目光作用，因为视觉形成的习惯，大多数是从左往右。因为世界各国文字除阿拉伯、希伯来以外，都是从左往右书写。绘画也同样服从这个习惯。这种构图同时也增加了画面的动感形式。

图 6-28　水乡乌镇 23

图 6-29　水乡乌镇 24

2. 北方乡村建筑

我国北方地大广袤，山河壮美，人口相对稀疏。民风淳朴憨厚、粗犷、正是自然风情，文化世俗和乡土建筑材料等诸多因素的综合制约，使北方各地民居普遍呈现出质朴敦厚的建筑特色。

在北方黄河以北的省份，如陕西、河北、山东、北京等地民居的建设各有特色。在群体布局上，以平原型的构成和离散型的组合带来村镇聚落和宅院总体整齐方正的布局，因气候寒冷需要充足阳光，正房力求坐北朝南。房屋的空间比较刻板、平淡，这里的房屋都是硬山、悬山的统一定式，即缺乏顺依地势形的高低错落变化，也缺乏诸如南方的风火墙之类的建筑轮廓变化。宅院的临街立面很朴实，通常显现的都是大片平素的院墙或倒坐屋的后檐墙，全靠大门和门楼不同风格的制式和不同程度的装饰，以取得宅舍不同风采的门面。细查北方民居，在质朴敦厚的风貌中，也包含着相当丰富的装饰，在宅院整体中，这些装饰主要分布在大门、门栋、影壁、二门、檐廊等部分。北方民居用的是抬梁式构架。而在陕北民居窑洞式住宅，是陕北甚至整个黄土高原地区较为普遍的民居形式。分为靠崖窑、地防窑、砖石窑等。黄土高原气候较干旱，且黄土质地均一，具有胶结和直立好的特性，土质疏松易于挖掘，故当地人因地制宜而创造性挖窑洞而居，节省建筑材料，而且具有冬暖夏凉的特性。北方民居典型代表还有北京民居四合院，其基本特点是按南北轴线对称布置房屋和院落，坐北朝南，大门一般开在东南角，门内还有影壁。正房位于中轴线上，侧面为耳放及左右厢房。正房是长辈起居室，厢房供晚辈起居用，这种庄重的布局，亦体现了华北人民正统、严谨的传统性格。北京冬寒多风沙，因此，住宅设计注重防寒避风沙，外围切砖墙，整个院落被房屋与墙坦包围，硬山式屋顶，墙壁和屋顶都比较厚实。再山东民居建筑是单门独院，有门楼，两面坡屋顶，由于山多石料普遍，依照传统建筑材料就地取材原则，故砖石混合使用住宅较多。

我是胶东人，对北方的乡村景象情有独钟，依山而建的老宅小院，经风吹雨打的石堆院墙，门前的古柏老树，枯树发新芽，石板小径，山泉咕咕，登高望远，群山重叠，郁郁苍苍，树木之巅鸟巢高筑，迎着朝阳家家鸡鸣狗吠，踏着余晖户户炊烟袅袅，邻里相见寒暄不断，好一派人与自然和谐相处的景象。当置身此景中，内心的情感油然而生，手中的画笔如行云流水般的描绘下了这般温馨和谐的景象，见图6-30～图6-39。

图 6-30　乡村建筑 1

线条是人类无中生有创造出来的多功能的绘画表现手段。人的视觉将线条的形式感和事物的性能结合起来而导致种种联想，所以说："线条是视觉感性与分析理性相统一的表现"线不仅表现有形物体也表现无形的意象，因而成为绘画基本形式之一。这幅写生作者用朴拙的涩线描绘了乡村的风俗人情，娴熟地驾驭了线条这一语言包，使"自然"升华为艺术。

图 6-31 乡村建筑 2

郑板桥先生的〝删繁就简〞四个字十分精辟。删繁：尽量删去不必要的东西；就简：尽量使用精练的语言说明更多的问题。多余的东西，再少也是多余的；必要的东西，再多也是必要的。此幅作品删去了地面的杂物，运用疏密相间的线条主要刻画了建筑、树木等物象，表现了北方乡村建筑朴实的生活场景。

图 6-32 乡村建筑 3

图 6-33　蒙山大洼 9

在画者眼中，山村最美的季节就是春季与秋季，这个季节以生长和收获的景象是山村
最有魅力的时候，低矮的房屋，石砌的小院，栅栏的木门，草垛、树木等这些都是山
村生活的具体写照，代表了劳动人民朴实、厚道的本质特征。

图 6-34　蒙山大洼 10

朴实无华的乡村景色，是画家颇爱表现的题材。春季万物复苏，生机盎然。这幅作品
画的是蒙山大洼山村一角，春暖还寒，树木刚刚发芽是画面表现的主体，采用移景的
手法是树木疏密得当，井然有序。构图是均衡式。写生工具是油性记号笔。

图 6-35 蒙山大洼 11

图 6-36 蒙山大洼 12

图 6-37　蒙山大洼 13

图 6-38　蒙山大洼 14

图 6-39 山西窑洞民居

这幅作品画的是典型靠崖窑洞民居，窑洞依山顺势而开，户户鸡犬相闻。描绘时注意透视与比例关系，主次与虚实关系，表现以线面结合为主，近景与中景为刻画主体，有强有弱，造型严谨，将山西的民居表现得淋漓尽致。

第三节　渔港码头

　　渔港码头是诸多画家经常描绘的题材。大海是美丽的，不管它是平静，还是愤怒，平静的大海带给我们是一种惬意，是一种平实的心态，浩水粼粼，海天相连，使人感到满眼清光蓝影，贪玩的小海泡，轻轻地抚摸着岸边的百轲千帆，发出"呼呼"的响声，好像哼唱着动人的催眠曲，催人入睡。蔚蓝的天空飘着朵朵白云，金色的阳光把海水划出粼粼波光，就像天上的仙女洒落的一把把碎金。成群的海鸥飞来飞去，银翅翻动，熠熠生辉。夏季正是海洋休渔的季节，往日繁忙喧嚣的渔港码头，停泊着一艘艘渔船，放眼望去，层层叠叠，密密实实，桅杆林立，彩旗飘飘，好一幅壮观的场面。置身于这样的景色中，怦然心动想描绘的情感不由自主。

　　前面讲过自然与生活中是有不同形式的点、线、面构成的物象，而渔船层叠就涵盖了点、线、面的形式构成，彩旗飘飘是点的晃动；桅杆林立，钢索拉扯是线不同方向的力动关系；而鱼舱船体又是面面相连。所以，这些组合结构所蕴含着生命机制还赋予"空间"以某种情绪和氛围。一片渔船互相交错在一起，其中的结构单位及其组合模式都富有特征和条理性。所以，空间中物象的形状，位置千变万化，证明有着各种力量涉及于其中，每一种作用力都存在着一种相等而相反的反作用力，形状时刻以一种力量对抗着空间，与此同时，空间也向形状施加压力。当一艘艘渔船处在大海的特定"空间"时，渔船以其形体的力量占据了"空间"而"空间"便对其产生了相等的排斥力量，这是一种力量相互对抗的关系。力动的性质决定着渔船形体移动的倾向，同时，规定着它们的空间秩序。从渔船码头的景物中理顺纷乱的场面，以简洁明快的线条来构成画面，把船体、桅杆、钢索、彩旗等隐藏的力动关系表现出来，建立画面特有的空间秩序和审美形式意味。对于空间的感受是因为我们感受到了形体，没有形体我们就无法认识空间，形体和空间是并存的。但我们集中注意力审视形体时，实际上我们也同时确定着空间，当形体与空间相互作用时，体现着有秩序的运动时，我们便有了审美反映。这种秩序的力动越强，越有视觉冲击力。

　　所以，图形的设计与描绘，取决于力动原则中的节奏、均衡、对比、疏密、等审美性质有关的图形动机的把握。著名的艺术导师亚瑟.道说："画面的空间定要用一种美的形式去构成"。这就是说，画面的结构只有经过系统化组织，才有表现力，而图形的设计与描绘则是关键的环节，力动关系的分析和组织只有建立在这个意念上才显出整体的力量和明确的层次，见图6-40～图6-46。

图 6-40　渔船 6

空白在构图中相当重要，艺术家对空白的安排并不次于对图形的经营，因为空白处理好有助于更充分地表现形象。空白不一定是空无一物的空间。此幅作品船体大面积的留白，是为突出船舱、桅杆等构成倾斜、粗细不一的墨线划破蔚蓝的天际。

图 6-41　渔船 7

这幅作品描绘的是山东荣成大鱼岛的渔港码头。采用均衡式构图，蔚蓝的海面上，一排排渔船互相推搡的拥挤在一起，桅杆林立，彩旗招展，好一派壮观的场面。在写生时，进行了概括、取舍，在把握画面大的气势时，在用线上以粗线与细线相结合，疏密得当，近实远虚，使画面生动而富有变化，整体而又和谐。使用工具是油性记号笔粗、细两种，具有中国画笔墨勾勒的味道。

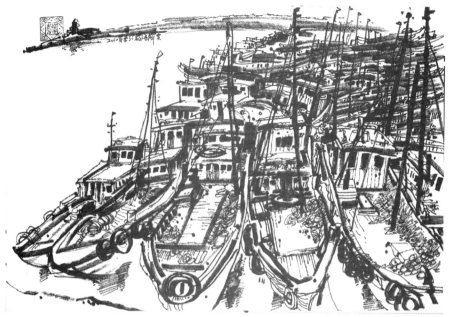

图 6-42 渔船 8

这幅作品与上幅有异曲同工之妙，均为均衡式构图，在把握大的画面气势下，下笔有力果断，运笔速度相对较快，这就要求有较好的造型能力，方能运笔自如。为了求得画面的平衡性，远方的小岛是刻意加上的，起到四两拨千斤的作用。

图 6-43 渔船 9

这幅作品省去繁缛的细节刻画，线条在轻松中勾勒其船体的态势，表现了渔船与大海的宁静清远，此画的细节不在于局部的刻画而在形与形之间的关系上，外轮廓边线的方圆曲直更趋简约，省去细节的描绘，给人以更多的遐想空间。

图 6-44　满载而归

渔船满载而归，到处是一片喧嚣忙碌的景象。此幅作品采用的是满构图形式，加强了渔港的繁忙感。粗、细线与面相结合的写生形式，先画的人物而后画的船体，表现了渔民劳动的艰辛和收获的喜悦。

图 6-45 渔船 10

在绘画中斜线是角度多样并富有动感的线。而斜曲线不稳定但又具活泼的性格。《渔船系列》中流动的斜线组成渔船的走势，配以斜线绘制的水中倒影，让白底黑影相互辉映，使画面充满清幽的诗情。条条弯曲的小船引导视线进入画面深处，形成了对角线的构图形式，大面积地留白使画面生成空灵、恬淡、深邃的意境。

图 6-46　渔船 11

写生时，有些构图需要寻求重度的均衡，有均衡才有协调与和谐，这种重度不是物理学范畴，更多是心理上的承受程度。均衡是不对称而对等、形体不同而等重的状态。这幅作品画面左下角是一缺口空白，两侧形成互不对称而对等的船体组合，视线被大面积的渔船所吸引，使部分与整体之间的比例关系遥相呼应。画面主次鲜明，对比感强，是一幅充满祥和的船歌风景画。

第四节 工矿企业

物象分为自然而成与人工合成的，而钢铁、炼油企业的设施是人工合成的，高耸的钢炉，炼油的铁塔，管道纵横交错，气流滚滚，从企业的层面看，工厂蒸蒸日上加紧生产；以画家的角度看，工厂的铁塔、管道展现了物象的骨架式结构特征。骨架式结构的分析，有助于我们对工矿企业的整体关系中各部分的构造、方向、比例、运动以及空间性质的观察，当我们进一步描绘一个具有交接组织的物象时，骨架结构的分析提供了整体关系的审视，引导我们对于结构、比例、透视、构造关系等基本性质的观察。当我们画一组钢铁、炼油的管道时，不仅注意到各交换管口的运动倾向，主管道与分管道之间的比例、透视中的空间关系，同时也注意到各部分管道的具体构造。它引导我们对管道构成模式的整体重视，便于我们从更为本质的意义上去把握纷繁庞杂的物象世界，并有助于我们理解形体和空间之间的微妙关系。所有的线条似乎都游离于对管道的刻画，但从整体的表现中体现了比较到位的形体结构特征，从而达到了一定的审美空间表达。写生时我们对工厂的各种管道进行充分简化，单纯的线的运动交织而成不同的"网"，记录着我们对空间的感受。在这里，粗细不等线条的穿行、截止、大面积的融合，点的凝成，组合的聚散，运行的轻重都体现了对图形结构和空间层次的不同追求。由于单纯的黑线白底，有效地帮助我们对结构表现，充分体验不同的线条对于空间表达的性质。在作品中我们可以体验到，被黑线穿过的区域呈向前状态，一片空白的区域呈后退状态，被线条穿入而未穿透的区域，其空间性质比较暧昧，同时线条的分量越重，它周围的空间越向前，对于视觉越有吸引力。更重要的是在这种写生中，所致力培养的对于物象的认知形式及其对结构分析的观念，使我们从某一确定的描写过程中感受到内外结构的生命世界。

大家知道，用线条写生时，线条自身具有很强的情感性质，有着独立的审美价值。蕴含在线条及线条运行中的生命力，赋予线条以不同的性质特征。因此，线是写生画的生命支撑，也是艺术家个性和情感抒发的手段。它无穷的活力和审美效能给写生提供了依据，它的表现功能又使写生作品增辉添彩。线的构成，在写生表现中，当客观世界与主观情感交融后，则达到了超越表象与时空一体的艺术境界，从而线条也就具有了高度概括独特的表现能力，见图6-47～图6-52。

图 6-47 钢铁企业 4

以快速奔放的线条描绘钢炉景象，画面对比感强，视觉感受强烈，线条有强有弱，有虚有实，造型严谨，将钢铁厂的繁忙场景表现得淋漓尽致。此幅作品是均衡式竖构图，加强钢炉的高大雄浑感，近处的卡车、人物比例与钢炉形成鲜明的高低、大小对比。

图 6-48　钢铁企业 5

此幅作品画的是济南钢铁厂的炼钢高炉，铁塔高耸，管道交错形成粗细、疏密、高低、遮挡等形式对比，构成强烈的视觉冲击力。描绘工具是油性记号笔线条粗、细相结合，粗放有力，运笔速度较快，能很好地表现现场的工作场景。这幅作品最大难点是线条之间的留白，形成画面像中国画又似版画的视觉感受。构图为均衡式等腰三角形，画面中心偏向右边。

图 6-49　炼油厂 1

炼油厂的表现与描绘钢铁厂相比有类似之处，都是铁塔林立，但钢管疏密、粗细程度有所区别。在写生时就要区别对待。这幅作品是水平式构图，钢管交错，经线条描绘形成强烈的视觉抗衡与力动感受。写生时追求线条的韵味，使眼中之钢管，变为手中之我线，含有写意的味道。

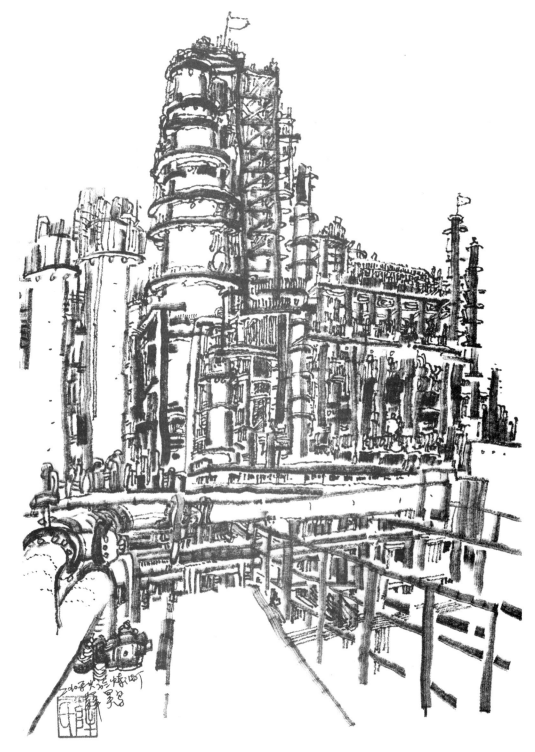

图 6-50 炼油厂 2

这幅作品采用是竖构图，加强了铁塔的高大感，淡化了近景的刻画，远景天空为
虚空，与中景的深入表现形成鲜明的对比。画面中心符合黄金分割比。

图 6-51 炼油厂 3

偌大的炼油厂，为了增加工厂忙碌的气氛，这幅作品构成形式采用的是移景手法，近处的火车是从远处移过来的，丰富了画面使构图饱满，左右两边形成拉扯的对抗关系。表现形式以中粗线条为主，用笔疏密有致，互相衬托以突出中景动感的火车与林立的工厂铁塔。

图 6-52 炼油厂 4

建筑场景
硬笔手绘表现艺术

第五节　自然风光

　　秋日高远明净的天空下，站在高处静静的俯瞰大地，群山连绵，逶迤起伏，座座山梁，梯田层层。顺着石块铺成的小路，边走边俯视四周的梯田，深深感到沂蒙人民的勤劳与智慧，和大自然给予人类的恩赐，修筑在这样雄伟磅礴山体上的梯田，弯弯曲曲，如行云流水般的线条，巧夺天工；酣畅淋漓的韵律，鬼斧神工的造型，如诗如画的意境，让人惊叹和震撼；梯田似链似带，从山脚一直盘绕到山顶，小山如螺，大山似塔；春如层层银带，夏滚道道绿波，秋叠座座金塔，冬筑银阶玉宇；远望层层梯田向远处延伸，就像一个个美妙的音符，奏出一曲美妙动听的田园圣曲……

　　蒙山写生是我们常去的地方，每次的感受又不尽相同。只有在自然中认真观察，细心体验，得到山川的真实精神，摸索出它们的自然规律，这样，才能把山川的神秀表现出来。画自然风光，首先要深入生活，多跑多看，多思多想。久而久之，自然能体会到山川的神韵，用画笔写出来，这是一个艺术家必须要做到的事情，见图6-53～图6-55。

图 6-53 自然风光 1

这幅作品画的是蒙山大洼的梯田风光，采用俯视的角度，场面宏大，为满构图
形式。写生时注意梯田的面积大小与透视转折关系，线条疏密交错互相衬托。
运用点、线、面结合的手法，丰富了画面的表现形式。手绘工具是油性记号笔
粗、细两种型号。

图 6-54 自然风光 2

在绘画中，点的聚集能够形成面的扩张感受，此幅作品就是采用点的描绘形式，表现的是清晨雾中蒙山大洼的景色，只见烟雾缭绕，山村若隐若现，如仙境一般。所以我们写生时，要根据场景的变化，而运用不同的表现形式，切忌千篇一律。

图 6-55 自然风光 3

清代画家石涛讲:"收尽奇峰打草稿"就是讲写生多走多看,寻找最能够反映山川特点的景物作为自己的写生素材,而写生最大的难题就是取舍问题。这幅作品选取的是蒙山梯田一角,描绘时想起中国绘画"金边银角"的说法,画面四角堵与疏的问题,使心中的感悟油然而生。

参 考 文 献

1. [美国] 保罗.拉索. 图解思考——建筑表现技法. 北京：中国建筑工业出版社，2002.

2. [美国] R.S.奥列佛. 奥列佛风景速写教学（美国设计学院教授讲课稿）. 南宁：广西美术出版社，2012.

3. 刘森林. 中华民居——传统住宅建筑分析. 上海：同济大学出版社. 2008.

4. 李明同，杨明. 建筑钢笔手绘表现技法. 沈阳：辽宁美术出版社，2010.

5. 于亨. 建筑速写. 北京：机械工业出版社，2005.

6. 潘谷西. 中国建筑史. 北京：中国建筑工业出版社，2009.

后 记

纵观诸多研究建筑场景手绘的积极成果，剖析各科设计与绘画的基本能力与基础素质的培育系统，进而应多角度多层面地开展建筑类等相关专业的手绘教学，是为进一步协调设计专业与绘画专业的重要环节，而筑建积极完整的手绘造型思维，又是该环节的重要成分。

正如读者所看到，本书的手绘是一种视觉的审美表现形式，它的编辑出版转变了手绘的固有观念，并使这种手绘训练形式在艺术设计、绘画教育中获得进一步的涵义，形成具有专业性质的基础教学类型，为设计者与绘画者进一步从事专业学习提供必要的基础。

本书探讨的几个手绘训练部分的共同基点，乃是对自然与生活的直接观察，这种观察力的形成对于艺术思维结构高水准的把握，起着关键作用。我们知道思维的形成与物象世界的关系，这一原则同时也说明思维的"层度"与主体对客观世界持以何种参与形式之间的必然联系。可以说研究建筑构造特征与自然生活，能使设计者和绘画者的经验，由客观物象提供的种种启示，进而在认知上达到一种具有艺术化倾向性的确定，这种认知的定势常常成为洞察力的萌生条件，设计者与绘画者在这一特定的层面体会由"参入"带来的创意过程，因此拥有了从一般性思维转化为创意性思维的优势。而当这种经过"纯化"的思维建立在充实的专业知识的基点之上时，就能创造性地、并且有效地表达对设计命题和艺术创作的理解与表现。

综上所述，我们看到手绘作为研究建筑与自然物象的一种艺术形式，不仅为进一步的专业学习解决一系列基本问题，同时也为专业设计和艺术创作建立具有普遍意义的造型基础。本书竭力提倡对建筑构造与自然物象的研究，用意不完全在启发设计者与绘画者如何表现建筑构造与自然物象，而是以认知建筑构造与自然物象为途径，以协调各专业为目的来完成一种能力，那就是设计与绘画的基础素质与艺术审美能力的构建。就设计教育的总体结构而言，手绘教学仅是一个环节，"手绘教学是关于造型基础的教学"，本书的作用仅是向设计者与绘画者展示了一条走向未来设计与绘画艺术的途径。

自然，当今许多老师在研究手绘教学，尝试各种方法，而本书做出的一份努力，其中定有偏颇和不足之处，其中的一些理论观点是我尚不成熟的研究成果，值此书出版之际，在此说明，希望得到各位学界同仁的指正，竭诚致谢。

内 容 简 介

　　手绘表现是高等院校建筑学专业、城市规划专业、建筑装饰专业、园林景观设计专业、艺术设计专业及绘画专业的一门重要专业基础课程。对这些行业的设计者而言，手绘表现是一门必须掌握的绘画语言，只有具备扎实的绘画基本功，才能画好草图，完整的表达设计理念。

　　艺术源于自然与生活，本书通过对国外建筑、中国传统建筑、现代建筑、工矿企业和建筑配景等场景的手绘表现训练，提高设计师对建筑场景敏锐的观察力。通过对建筑场景的形态构造、造型比例、材料色彩及周围关系加以提炼、概括、取舍、表现，培养设计师的造型审美能力和创造能力。掌握了手绘表现技法，设计师可以熟练地运用手绘表现语言，将设计想法以手绘表现的方式徒手快速地表现出来，阐明设计的创意、构思，随时进行视觉交流、探讨思考，使设计方案完善或者激发灵感生成新的创意。本书图文并茂，选取了不同风格、不同特点的作品百余幅，并做了详细的分析点评，帮助读者快速提高手绘能力。

　　本书作者依据高等院校各类设计专业和绘画专业的教学内容，针对建筑类等相关专业的特点编写，适合相关专业教学使用，也可作为爱好者的自学用书。

图书在版编目（CIP）数据

建筑场景硬笔手绘表现艺术 / 薛昊著. —北京: 海洋出版社, 2013.10
ISBN 978-7-5027-8661-8

Ⅰ．①建… Ⅱ．①薛… Ⅲ．①建筑画—绘画技法 Ⅳ．①TU204

中国版本图书馆 CIP 数据核字(2013)第 219414 号

作　　者：薛　昊		发 行 部：(010) 62174379（传真）(010) 62132549
责任编辑：赵　武		(010) 68038093（邮购）(010) 62100077
责任校对：肖新民		技术支持：(010) 62100052
责任印制：赵麟苏		承　　印：北京画中画印刷有限公司
排　　版：海洋计算机图书输出中心　晓阳		版　　次：2013 年 10 月第 1 版第 1 次印刷
出版发行：海洋出版社		开　　本：889mm×1194mm　1/16
地　　址：北京市海淀区大慧寺路 8 号（716 房间）		印　　张：11
100081		字　　数：200 千字
经　　销：新华书店		印　　数：1～4000 册
网　　址：www.oceanpress.com.cn		定　　价：39.00 元

本书如有印、装质量问题可与发行部调换